Band 20 · Mai 1984 **5**

isotopenpraxis

AKADEMIE-VERLAG

ISSN 0021-1915 Isotopenpraxis, Berlin 20 (1984) 5, 161-200

EVP 9,- M

An unsere Autoren

Die Zeitschrift veröffentlicht Beiträge zu folgenden Themen: Kontrolle und Analyse radioaktiver und stabiler Isotope, Anwendung radioaktiver und stabiler Isotope in allen Gebieten der Forschung und Technik, der Industrie, Landwirtschaft und Medizin, Herstellung radioaktiver und stabiler Isotope sowie von markierten Verbindungen, kernelektronische Geräte für die Isotopenanwendung (Dickenmesser, Dichtemesser u. ä.) Detektoren für isotopentechnische Arbeiten und den Strahlenschutz in Isotopenlaboratorien, Meßtechnik und Strahlenschutz, Dosimetrie in Isotopenlaboratorien, kerntechnische Geräte für die Isotopenanwendung (Beton, Bestrahlungsanlagen u. ä.). Strahlenchemie, Radiochemie, ökonomische und perspektivische Fragen, Fragen der Weiterbildung.

1. Aufnahme von Manuskripten

Zur Veröffentlichung angenommen werden nur druckreife, noch nicht anderweitig publizierte Beiträge in deutscher, englischer oder russischer Sprache zum Themenbereich der Zeitschrift und zwar

- Originalarbeiten
- Kurze Mitteilungen
- Aus der Praxis
- Zusammenfassende Berichte
- Tagungsberichte
- Informationen.

Sind der Beitrag oder Teile daraus bereits veröffentlicht oder ist eine anderweitige Veröffentlichung vorgesehen, so muß dies der Redaktion mit genauer Angabe der Zweitveröffentlichung mitgeteilt werden. Mit der Annahme des Manuskriptes behält sich der Verlag das Recht der Vervielfältigung, Verbreitung und Übersetzung innerhalb der gesetzlichen Schutzfrist vor. Auszugsweiser Nachdruck oder photomechanische u. a. Wiedergabe sind an eine schriftliche Genehmigung des Verlages gebunden. Manuskripte, Zeichnungen und Photos von veröffentlichten Arbeiten werden nur auf den besonderen und bis zum Zeitpunkt der Veröffentlichung mitgeteilten Wunsch des Autors zurückgesandt.

Bei der unverlangten Einreichung von Manuskripten wird empfohlen, eine Befürwortung eines der Herausgeber oder Redaktionsausschußmitglieder beizufügen.

Manuskripte sind einzureichen bei der Redaktion, 1086 Berlin, Leipziger Str. 3–4.

2. Form der Manuskripte

Die Autoren werden gebeten:

2 Manuskripte, eines davon in Original-Maschinenschrift, einseitig und mit 2zeiligem Abstand einzureichen; gut leserliche Photokopien sind zulässig; auf dem 1. Blatt (unter Weglassung der Bezeichnung)

- den Titel der Arbeit
- Vorname-Initialen und Namen sämtlicher Autoren
- gegebenenfalls die Institution, in der sie tätig sind
- eine kurze Zusammenfassung der Arbeit von höchstens 15 Zeilen
- Keywords in alphabetischer Reihenfolge und
- als Fußnote die Anschrift der Institution anzugeben;

wenn möglich, auf gesonderten Blättern Namen, Titel der Arbeit und Zusammenfassung in den beiden anderen obengenannten Sprachen 2fach beizufügen;

Literaturhinweise (fortlaufend numeriert), Fußnoten, Tabellen, Abbildungen (in 2–3facher Veröffentlichungsgröße), Abbildungsunterschriften (getrennt von den Abbildungen mit Zeichenerklärungen, Quellenangaben, falls erforderlich, und gegebenenfalls mit einem Vermerk für besondere Wünsche bezüglich der Abbildungsgröße), private und Dienstanschrift der Verfasser mit akademischen Titeln und ausgeschriebenen Vornamen auf besonderen Blättern ans Ende des Manuskriptes zu stellen;

Wünsche für den Kolumnentitel (Seitenüberschrift) bekanntzugeben;

Absätze durch Einzüge von mindestens 3 Anschlägen kenntlich zu machen; die Maßeinheiten des SI-Systems („Systeme International") zu verwenden; Korrekturen im Manuskript unmittelbar an der zu korrigierenden Stelle anzubringen;

Formeln deutlich lesbar und möglichst groß einzutragen;

Farbabbildungen und nachträgliche Änderungen oder Ergänzungen in Abbildungen zu vermeiden;

hervorzuhebende Textstellen zu unterstreichen, und zwar halbfetten Satz mit einer geraden schwarzen Linie, kursiven Satz (Schrägschrift) mit einer blauen Wellenlinie (alle Eigennamen). Sperrungen gestrichelt;

besondere Buchstaben durch farbige Unterstreichung zu kennzeichnen, und zwar Formelzeichen in

- Griechisch-Kursiv (α, β, ...) rot,
- Kursiv (A, B, ...) blau
- halbfetter Kursiv ($\boldsymbol{A}$, $\boldsymbol{B}$, ..) 2 Linien blau (Vektoren),
- halbfetter Grotesk (**A**, **B**, ...) 2 Linien violett (Tensoren);

bei Literaturangaben auf Vollständigkeit zu achten. In nachstehender Reihenfolge müssen angegeben sein:

a) bei *Zeitschriften*: Vorname-Initialen und Namen sämtlicher Autoren, Titel der Zeitschrift (nach „Periodica Chimica" oder möglichst wenig gekürzt), Bandnummer (unterstrichen), Jahreszahl (in Klammern), Heftnummer (nur bei Zeitschriften, die jedes Heft mit S. 1 beginnen) sowie die Seitenzahl, auf der die zitierte Arbeit beginnt.

b) Bei *Büchern*: Initialen der Vornamen und Name des Autors (Herausgeber werden durch den Zusatz „ed." gekennzeichnet), voll ausgeschriebener Titel des Buches in der Originalsprache, evtl. Bandnummer, voll ausgeschriebener Name des Verlages, Nummer der Auflage (außer der ersten), Erscheinungsort(e), Erscheinungsjahr (hier nicht in Klammern setzen!) und evtl. Kapitelnummer, Seitenzahl u. ä.

c) bei *Sammelbänden, Tagungsberichten*: Es soll zusätzlich der Titel des zitierten Beitrags angegeben werden. Die Seitenzahl muß unbedingt angegeben werden. Aus dem Zitat muß hervorgehen, ob es sich um einen Tagungssammelband oder um einen noch nicht veröffentlichten Vortrag handelt. Zwischen Tagungsort und Erscheinungsort des entsprechenden Tagungsberichts ist zu unterscheiden.

3. Korrekturen

Der Autor erhält zwei Umbruchabzüge, von denen einer möglichst schnell korrigiert an die Redaktion zurückgereicht werden soll. Auf Wunsch des Autors kann die Korrektur auch von der Redaktion gelesen werden.

Durch nachträgliche Manuskriptänderungen verursachte Korrekturkosten gehen, sofern sie 10% der Satzkosten übersteigen, zu Lasten des Autors.

Der Autor erhält 50 Sonderdrucke kostenlos. Weitere Sonderdrucke können bis zur Rückgabe der Korrekturabzüge auf Kosten des Autors bei der Redaktion bestellt werden.

Bezugsmöglichkeiten

Bestellungen sind zu richten

- **in der DDR** an den Postzeitungsvertrieb unter Angabe der Kundennummer des Bestellenden oder an den AKADEMIE-VERLAG, DDR-1086 Berlin, Leipziger Straße 3–4, PF-Nr. 1233;
- **im sozialistischen Ausland** an eine Buchhandlung für fremdsprachige Literatur oder an den zuständigen Postzeitungsvertrieb;
- **in der BRD und Berlin(West)** an eine Buchhandlung oder an die Auslieferungsstelle KUNST UND WISSEN, Erich Bieber OHG, Wilhelmstraße 4–6, D-7000 Stuttgart 1;
- **in den übrigen westeuropäischen Ländern** an eine Buchhandlung oder an die Auslieferungsstelle KUNST UND WISSEN, Erich Bieber GmbH, Dufourstraße 51, CH-8008 Zürich;
- **im übrigen Ausland** an den Internationalen Buch- und Zeitschriftenhandel; den Buchexport, Volkseigener Außenhandelsbetrieb der Deutschen Demokratischen Republik, DDR-7010 Leipzig, Postfach 160; oder an den AKADEMIE-VERLAG, DDR-1086 Berlin, Leipziger Straße 3–4.

Zeitschrift „Isotopenpraxis"

Herausgeber: Im Auftrag des Akademie-Verlages herausgegeben von Prof. Dr. Justus Mühlenpfordt
Verlag: Akademie-Verlag, DDR-1086 Berlin, Leipziger Straße 3–4, PF-Nr. 1233; Fernruf: 2236221 oder 2236229; Telex-Nr.: 114420;
Bank: Staatsbank der DDR, Berlin, Kto.-Nr.: 6836-26-20712
Verantwortlich für den Inhalt des Heftes: Prof. Dr. H. Hübner, Leipzig
Anschrift der Redaktion (Fernruf Frau H. Schier: 6351177) der Zeitschrift Isotopenpraxis: Akademie-Verlag, DDR-1086 Berlin, Leipziger Str. 3–4, PF-Nr.1233
Veröffentlicht unter der Lizenznummer 1527 des Presseamtes beim Vorsitzenden des Ministerrates der Deutschen Demokratischen Republik
Gesamtherstellung: VEB Druckerei „Thomas Müntzer", DDR-5820 Bad Langensalza
Erscheinungsweise: Die Zeitschrift „Isotopenpraxis" erscheint monatlich. Die 12 Hefte eines Jahrganges bilden einen Band. Bezugspreis je Band 216,– M zuzüglich Versandspesen (Preis für die DDR 108,– M). Preis je Heft 18,– (Preis für die DDR 9,– M)
Bestellnummer dieses Heftes: 1079/20/5

AN (EDV) 12831

Isotopenpraxis 20 (1984) 5, S. 161 bis 164

Reduzierte Zustandssummenverhältnisse isotoper Moleküle auf quantenchemischer Grundlage

II. Mitt. MNDO- und MINDO/3-MO-Berechnungen zur H/D-Substitution

G. Hanschmann

(Forschungsstelle für chemische Toxikologie der AdW der DDR)[1]

Anhand der graphischen Darstellung ihrer Temperaturabhängigkeit werden die reduzierten Zustandssummenverhältnisse von 34 Verbindungen für den Fall der H/D-Substitution miteinander verglichen. Dabei zeigen sich allgemeine Zusammenhänge mit der chemischen Struktur der betreffenden Moleküle. Diese beruhen weitgehend auf der strukturellen Abhängigkeit sowohl der Kraftkonstanten als auch der Kopplungsverhältnisse der Molekülschwingungen. Für verschiedene Strukturgruppen (CH_3, CH_2, CH, OH) ergeben sich charakteristische Werte für die reduzierten Zustandssummenverhältnisse.

The reduced partition function ratios of 34 compounds concerning the H/D-substitution are mutually compared by means of pictures of their temperature dependence. At this general relationships between those ratios and the chemical structure of the corresponding molecules are evident. These are mainly based on the structural dependence of both the force constants and the coupling of molecular vibrations. The existence of certain characteristic values of reduced partition function ratios for several groups (CH_3, CH_2, CH, OH) is obvious.

Keywords

calculations; deuterium; isotope effects; partition functions; quantum mechanics; stable isotopes; statistical mechanics

1. Einleitung

In einer früheren Mitteilung [1] wurde über einen quantenchemischen Zugang zu den reduzierten Zustandssummenverhältnissen isotop substituierter Moleküle berichtet. Zu den wesentlichen Vorteilen dieses Vorgehens gehört es, daß eine große Anzahl von Berechnungen in verhältnismäßig kurzer Zeit durchgeführt werden kann. Dadurch ergibt sich die Möglichkeit ausgedehnter und gezielter Vergleiche, die für die Herleitung allgemeiner Beziehungen zwischen der chemischen Struktur eines Moleküls und dessen Verhalten bei Isotopensubstitution dienen können. Das Ziel dieser Mitteilung ist am Beispiel der H/D-Substitution zu demonstrieren, in welcher Weise solche Verallgemeinerungen gefunden werden können.

2. Berechnungsmethode

Mit Hilfe einer semi-empirischen quantenchemischen MO (Molecular Orbital)-Methode — in unserem Fall MNDO und MINDO/3 [1] — werden zunächst die Gleichgewichtsgeometrie und das vollständige Kraftfeld des jeweiligen Moleküls bestimmt. Daraus lassen sich die zur statistisch-thermodynamischen Berechnung der Zustandssummen [2] notwendigen Trägheitsmomente und Schwingungsfrequenzen gewinnen. Durch das Einsetzen unterschiedlicher Isotopenmassen ergeben sich dabei die reduzierten Zustandssummenverhältnisse [3]

$$(\sigma_2/\sigma_1)\, f = (\sigma_2/\sigma_1)\, Q'(A_2)/Q'(A_1) \tag{1}$$

mit

$$Q' = Q \prod_{i=1}^{N} m_i^{3/2} \tag{2}$$

[1]) Anschrift: DDR-7050 Leipzig, Permoserstr. 15

(Q — Zustandssumme; σ — Symmetriezahl; m_i — Massen der N Atome des Moleküls A; 1 bzw. 2 — Index für leichteres bzw. schwereres Isotop).

Die Aufteilung der Zustandssumme eines Moleküls in einen Translations (Q_{Tr})-, einen Rotations (Q_{Rot})- und einen Schwingungs(Q_{Vib})anteil

$$Q = Q_{Tr} \cdot Q_{Rot} \cdot Q_{Vib} \exp(-\varepsilon_0/kT) \tag{3}$$

(ε_0 — Nullpunktsenergie; k — *Boltzmann*-Konstante; T — absolute Temperatur) ermöglicht die näherungsweise Berücksichtigung der gehemmten inneren Rotation (z. B. der CH_3-Gruppe) nach einem Verfahren von *Zajcev* [4]. Dabei wird die entsprechende Torsionsfrequenz aus Q_{Vib} abgetrennt und ein Zustandssummenbeitrag der gehemmten Rotation eingeführt:

$$Q_{g\,Rot} = \sum_r \exp(-\varepsilon_r/kT) \tag{4}$$

(ε_r — Energieniveaus der gehemmten Rotation). Für den Fall, daß die ε_r nicht bekannt sind, läßt sich folgende Näherungsformel verwenden:

$$Q_{g\,Rot} = (\pi kT/a)^{1/2} \exp(-V_0/2kT)\,[1 + V_0^2/16k^2T^2 - aV_0^2/96k^3T^3 + 1/k^4V_0^4(a^2V_0^2/960 + V_0^4/1024) - \ldots] \tag{5}$$

V_0 ist die Potentialbarriere für die behinderte Rotation, die sich aus der Torsionsfrequenz ν_t berechnen läßt:

$$V_0 = 8\pi^2\nu_t^2 I_{red}/n^2 \tag{6}$$

n ist die Zahl der (gleichartigen) Potentialminima, die bei einer ganzen Umdrehung des inneren Kreisels durchlaufen werden. I_{red} stellt das sog. reduzierte Trägheitsmoment des gehemmten Rotators dar und berechnet sich in dem Fall, wenn die Kreiselachse mit der zentralen Hauptträgheitsachse des Gesamtmoleküls zusammenfällt, aus folgender Beziehung:

$$I_{\text{red}} = I_{\text{Kr}}(I_{\text{x}} - I_{\text{Kr}})/I_{\text{x}} \quad (7)$$

$(I_{\text{x}} - I_{\text{Kr}})$ verkörpert dabei das Trägheitsmoment des Rumpfes und I_{Kr} dasjenige des Kreisels (bezüglich der x-Achse, die in diesem Fall als Hauptträgheitsachse gewählt ist).

Die in Gl. (5) auftretende Konstante berechnet sich zu

$$a = n^2h^2/8\pi^2 I_{\text{red}} \quad (8)$$

Infolge des Näherungscharakters der verwendeten quantenchemischen Verfahren sind nur vergleichende Berechnungen sinnvoll. Hierbei sind aber nicht solche Größen wie Trennfaktoren von Isotopenaustauschgleichgewichten oder die Verhältnisse von Geschwindigkeitskonstanten isotoper chemischer Reaktionen (wie in der Literatur üblich), sondern lediglich die reduzierten Zustandssummenverhältnisse der beteiligten Verbindungen mit hinreichender Zuverlässigkeit als Vergleichsgrößen zu benutzen [5]. Da jedoch die reduzierten Zustandssummenverhältnisse selbst bereits ein Maß für einen bei Isotopensubstitution in einer Molekel zu erwartenden Effekt (z.B. Anreicherung einer bestimmten Isotopensorte beim Austausch zwischen zwei unterschiedlichen Verbindungen) darstellen, lassen sich diese als eine Art Stoffkonstante recht gut für die Untersuchung von Struktur/Isotopieeffekt-Beziehungen einsetzen.

3. Ergebnisse

Die Diskussion der Ergebnisse erfolgt wie bereits in der I. Mitt. [1] anhand der graphischen Darstellung der Temperaturabhängigkeit der reduzierten Zustandssummenverhältnisse. Dabei sind stets nur Einfachsubstitutionen berücksichtigt.

Als ein grundlegendes Resultat der vorliegenden Untersuchungen ergibt sich ein Zusammenhang des reduzierten Zustandssummenverhältnisses bei isotoper Substitution eines Atoms mit der Stellung der mit diesem Atom verknüpften Elemente im Periodensystem. Dieser bereits früher bei zweiatomigen Hydriden gefundene Zusammenhang [6] läßt sich für vielatomige Moleküle verallgemeinern und erklärt sich aus der Abhängigkeit der Kraftkonstanten von der effektiven Kernladung der beteiligten Atome; d. h., je größer die Abschirmung der Kernladung ist, um so kleiner ist die Kraftkonstante und damit der betreffende $(\sigma_2/\sigma_1)f$-Wert. Dadurch kommt es zu einer deutlichen Verringerung der reduzierten Zustandssummenverhältnisse beim Übergang von der ersten zur zweiten Achterperiode. Eine schwächere Abstufung der $(\sigma_2/\sigma_1)f$-Werte ist innerhalb der einzelnen Perioden zu beobachten. In Abb. 1 sind diese Verhältnisse demonstriert.

Anstelle der effektiven Kernladungen lassen sich sowohl die dazu korrelierten Elektronengativitäten als auch die Substituentenkonstanten von Strukturgruppen zur Interpretation der Variation der reduzierten Zustandssummenverhältnisse mit der chemischen Struktur verwenden. Eine größere Elektronegativität eines Atoms, verursacht z.B. durch einen elektrophilen Substituenten, bewirkt höhere Kraftkonstanten der angrenzenden Bindungen und damit erhöhte $(\sigma_2/\sigma_1)f$-Werte für die Isotopensubstitution dieses bzw. eines benachbarten Atoms.

Bei den bisherigen Beispielen wurde lediglich die elektronische Beeinflussung der reduzierten Zustandssummenverhältnisse betrachtet. Im Falle mehratomiger Moleküle

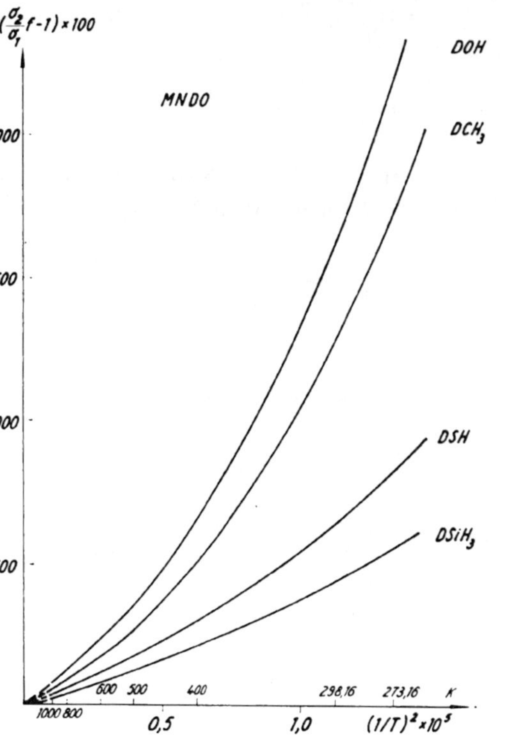

Abb. 1. Temperaturabhängigkeit der reduzierten (D/H)-Zustandssummenverhältnisse von H_2O, H_2S, CH_4 und SiH_4

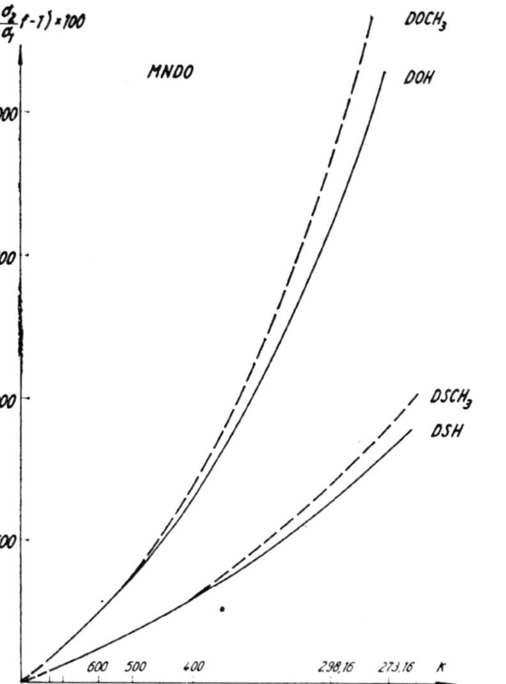

Abb. 2. Temperaturabhängigkeit der reduzierten (D/H)-Zustandssummenverhältnisse von H_2O, H_2S, CH_3OH und CH_3SH

kommt jedoch noch ein statistischer Faktor hinzu, der allgemein als *Waldmann*sche Regel [3, 7] bekannt ist. Danach wird das Isotop mit der größeren Masse dort angereichert, wo es mehr Freiheitsgrade besitzt, d. h. bei Molekülen mit vergleichbaren Bindungsverhältnissen im größeren Molekül — entsprechend mehr Faktoren größer Eins im reduzierten Zustandssummenverhältnis [3]. Abb. 2

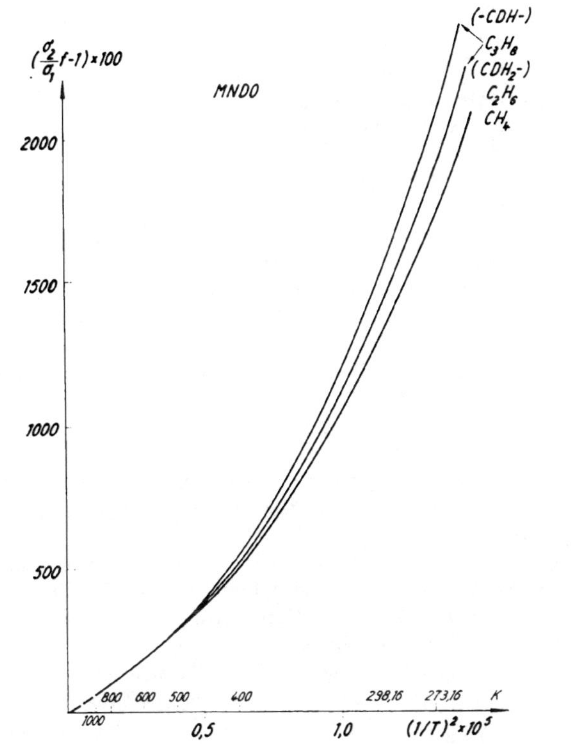

Abb. 3. Temperaturabhängigkeit der reduzierten (D/H)-Zustandssummenverhältnisse von Methan, Ethan und Propan

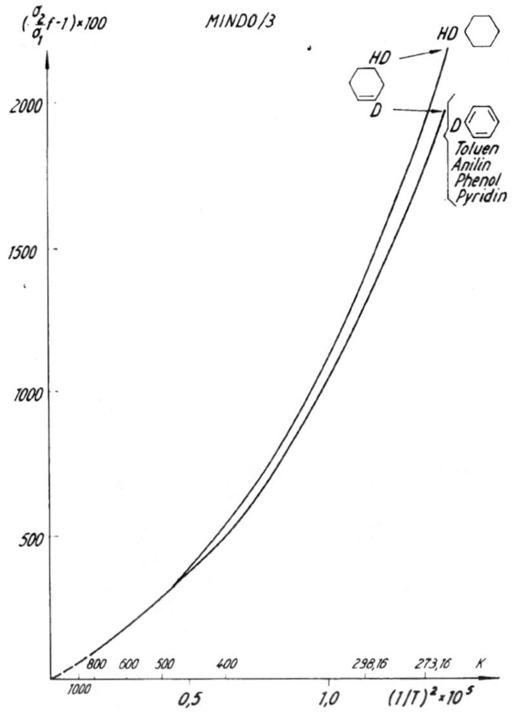

Abb. 5. Temperaturabhängigkeit der reduzierten (D/H)-Zustandssummenverhältnisse von Cyclohexan, Cyclohexen, Benzen, Toluen, Anilin, Phenol und Pyridin

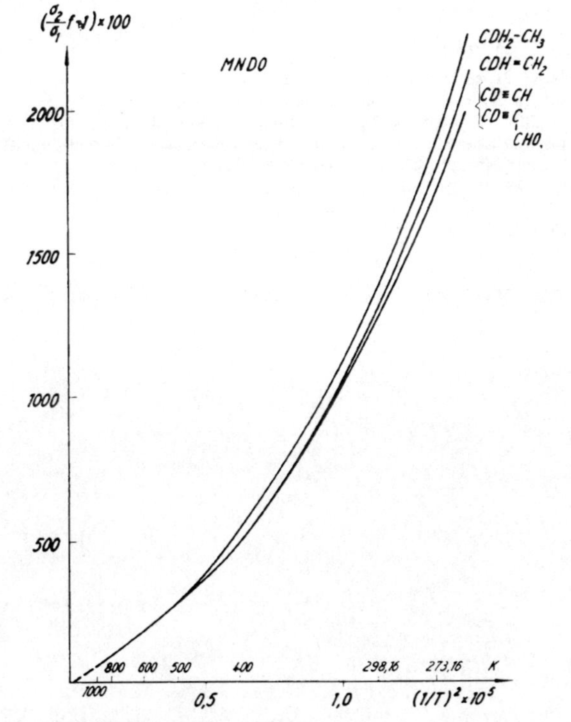

Abb. 4. Temperaturabhängigkeit der reduzierten (D/H)-Zustandssummenverhältnisse von Ethan, Ethen, Ethin und Propinal

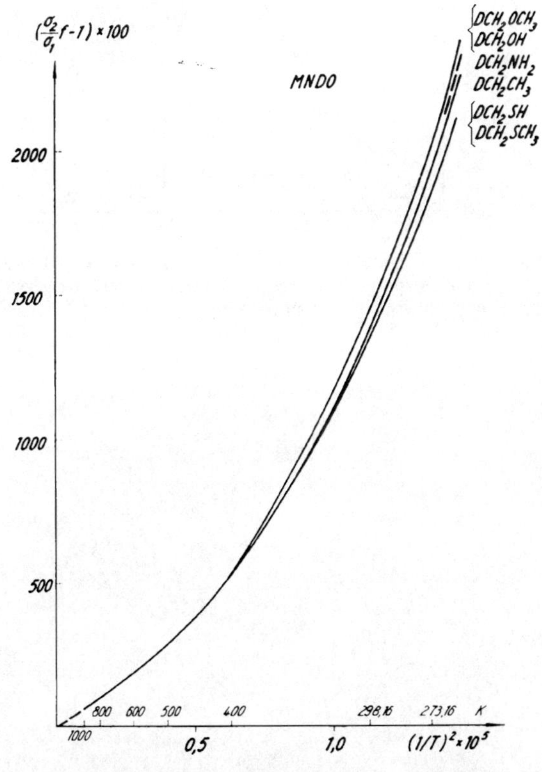

Abb. 6. Temperaturabhängigkeit der reduzierten (D/H)-Zustandssummenverhältnisse von Verbindungen mit unterschiedlich gebundener CH_3-Gruppe

zeigt entsprechende Beispiele. Bei Ersatz von Wasserstoff durch eine Methylgruppe erhöht sich der $(\sigma_2/\sigma_1)f$-Wert.

Die genannten strukturellen Einflüsse auf die $(\sigma_2/\sigma_1)f$-Werte überlagern sich in Abhängigkeit vom Isotop, von dessen Stellung im Molekül und von den Kopplungsverhältnissen der Molekülschwingungen. So ist es nicht immer möglich, die Größe des Isotopieeffektes anhand der oben beschriebenen Kriterien zuverlässig abzuschätzen. Für diese Fälle sowie auch dann, wenn es um feinere Details geht, sind theoretische Berechnungen von Vorteil, zumal hierbei isotope Substitutionen an beliebiger Stelle im Molekül simuliert werden können. Dadurch kann man wesentlich rascher Zusammenhänge zwischen Struktur und Isotopieeffekt erkennen, als das durch entsprechende Experimente möglich wäre. Im folgenden sind dazu weitere Beispiele angegeben.

Abb. 3 zeigt, daß den Gruppierungen CH_4, CH_3 und CH_2 jeweils charakteristische $(\sigma_2/\sigma_1)f$-Werte zugeordnet werden können. Die Reihenfolge entspricht den oben diskutierten Regeln.

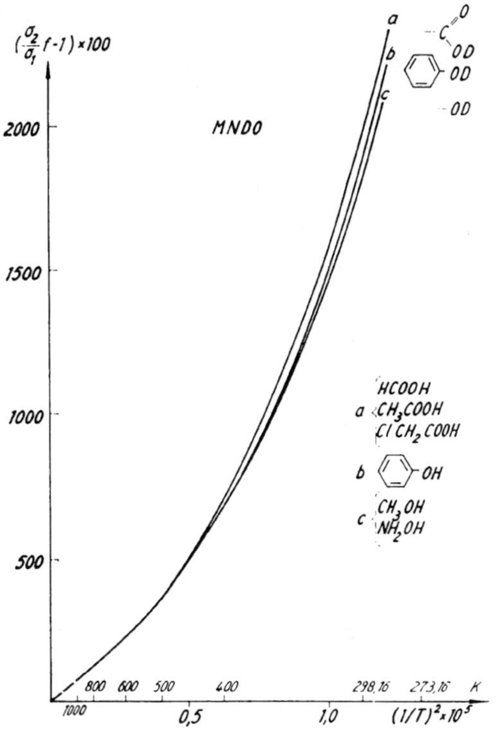

Abb. 7. Temperaturabhängigkeit der reduzierten (D/H)-Zustandssummenverhältnisse von Verbindungen mit unterschiedlich gebundener OH-Gruppe

Aus Abb. 4 ist die Abnahme der reduzierten (D/H)-Zustandssummenverhältnisse mit steigendem s-Charakter und damit zunehmender Elektronegativität des angrenzenden C-Atoms zu erkennen.

Abb. 5 weist darauf hin, daß die Unterschiede in den $(\sigma_2/\sigma_1)f$-Werten bei zyklischen Kohlenwasserstoffen nicht sehr groß sind. Auch hier ergeben sich jeweils typische Werte für die CH_2- bzw. die CH-Gruppen.

Abb. 6 demonstriert den Einfluß von verschiedenen Substituenten auf das reduzierte (D/H)-Zustandssummenverhältnis beim Ersatz von Wasserstoff durch Deuterium in einer Methylgruppe. Obwohl die Unterschiede dabei gering sind, bleiben doch sowohl eine direkte Beziehung der $(\sigma_2/\sigma_1)f$-Werte zu den entsprechenden Substituentenkonstanten (σ_1: $CH_3 = -0{,}05$; $NH_2 = +0{,}1$; $OH = +0{,}25$) als auch die typische Änderung beim Übergang von der ersten zur zweiten Achterperiode erkennbar. Der Ersatz von H durch CH_3 wirkt sich hier praktisch nicht aus, da er nicht in unmittelbarer Nachbarschaft des isotop ausgetauschten Atoms erfolgt.

In Abb. 7 sind die Verhältnisse für strukturell unterschiedlich gebundene OH-Gruppen dargestellt. Wie bei der H/D-Substitution in der Methylgruppe variieren die reduzierten (D/H)-Zustandssummenverhältnisse bei Substitution in der OH-Gruppe nur in sehr engen Grenzen.

Die in dieser Mitteilung diskutierten Zusammenhänge gelten sinngemäß ebenso für andere isotope Substitutionen. Darüber sowie über weitere spezielle Aussagemöglichkeiten der quantenchemischen Berechnungen soll in den folgenden Mitteilungen berichtet werden.

Eingegangen am 22. 7. 1983

Literatur

[1] *G. Hanschmann*, Isotopenpraxis **18** (1982) 203
[2] *I. N. Godnev*, Berechnung thermodynamischer Funktionen aus Moleküldaten. Berlin: VEB Deutscher Verl. d. Wiss. 1963
[3] *G. Vojta*, Theorie der thermodynamischen Isotopieeffekte, Lehrbuch der Kernphysik. Hrsg. *G. Hertz*. Bd. III, Leipzig: B. G. Teubner 1962, S. 88
[4] *A. A. Zajcev*, Ž. fiz. chim. **36** (1962) 1496
[5] *G. Hanschmann*, ZfI-Mitt. Nr. 41 (1981) 19
[6] *A. I. Rozen, A. I. Michajlenko*, Dokl. Akad. Nauk SSSR **148** (1963) 1133
[7] *L. Waldmann*, Naturwiss. **31** (1943) 205

Isotopenpraxis 20 (1984) 5, S. 165 bis 168

Reduzierte Zustandssummenverhältnisse isotoper Moleküle auf quantenchemischer Grundlage

III. Mitt. MNDO- und MINDO/3-MO-Berechnungen zur $^{12}C/^{13}C$-Substitution

G. Hanschmann

(Forschungsstelle für chemische Toxikologie der AdW der DDR)[1]

Anhand der graphischen Darstellung ihrer Temperaturabhängigkeit werden die reduzierten Zustandssummenverhältnisse von 21 Verbindungen für den Fall der $^{12}C/^{13}C$-Substitution miteinander verglichen. Außerdem wird ein Vergleich mit Ergebnissen von Berechnungen auf der Basis experimentell bestimmter Schwingungsfrequenzen durchgeführt. Die früher festgestellten Beziehungen zur chemischen Struktur der betreffenden Moleküle können bestätigt werden. Darüber hinaus läßt sich ein Zusammenhang der reduzierten Zustandssummenverhältnisse mit der Nettoladung des jeweils isotop substituierten Atoms nachweisen.

The reduced partition function ratios of 21 compounds concerning the $^{12}C/^{13}C$-substitution are mutually compared by means of pictures of their temperature dependence. Besides a parallel is drawn with results of calculations carried out with use of experimentally determined molecular vibrational frequencies. The earlier stated relationship between the partition function ratios and the chemical structure of the corresponding molecules are confirmed. In addition a charge dependence of those ratios is shown.

Keywords

calculations; carbon 13; isotope effect; partition functions; quantum mechanics; stable isotopes; statistical mechanics

1. Einleitung

In der vorhergehenden Mitteilung [1] wurde gezeigt, wie durch systematische Berechnungen Zusammenhänge zwischen der Struktur einer Verbindung und deren reduziertem Zustandssummenverhältnis bei isotoper Substitution erkannt werden können. Solche Erkenntnisse lassen sich z.B. bei der Aufstellung von Inkrementsystemen zur Abschätzung von Isotopieeffekten in experimentell und theoretisch schwer zugänglichen Untersuchungsobjekten verwenden [2]. Für den Fall des ^{13}C-Isotopieeffekts gibt es bereits ausgedehnte vergleichende Untersuchungen von *Galimov* [3], bei denen berechnete reduzierte Zustandssummenverhältnisse — dort β-Faktoren genannt — als Grundlage für ein Inkrementsystem gedient haben. Die für die statistisch-thermodynamische Behandlung erforderlichen Schwingungsfrequenzen wurden in [3] aus Experimenten und genäherten Kraftfeldberechnungen gewonnen. Dadurch ergibt sich die Möglichkeit der Einordnung der quantenchemischen Berechnungen im Vergleich zu den experimentell gewinnbaren Aussagen.

2. Ergebnisse

Die quantenchemischen Berechnungen wurden wiederum mit den semiempirischen MO-Verfahren MNDO und MINDO/3 durchgeführt (vgl. [4]). Aus den dabei erhaltenen Gleichgewichtsgeometrien und Schwingungsfrequenzen der Moleküle wurden unter Berücksichtigung von Einfachsubstitutionen wie in [4] die reduzierten Zustandssummenverhältnisse

$$(\sigma_2/\sigma_1)\, f$$

(σ_1, σ_2 — Symmetriezahlen des leichteren bzw. schwereren Moleküls; f — Zustandssummenverhältnis dieser Moleküle) in der Näherung des harmonischen Oszillators und starren Rotators berechnet.

In Abb. 1 sind einige der auf diesem Wege ermittelten $(\sigma_2/\sigma_1)f$-Werte den entsprechenden β-Faktoren von *Galimov* [3] gegenübergestellt. Abb. 1 zeigt ein für die MNDO-Methode typisches Ergebnis, nämlich die in der Regel zu hoch ausfallenden reduzierten Zustandssummenverhältnisse. Die unterschiedlichen Abweichungen von der idealen Korrelationsgeraden sind dabei nicht allein Ausdruck von

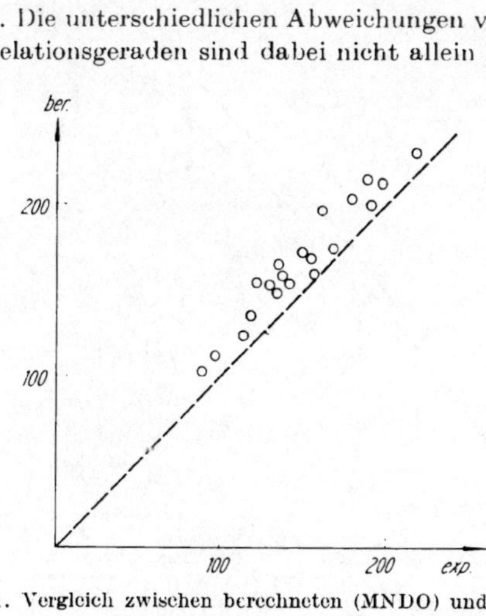

Abb. 1. Vergleich zwischen berechneten (MNDO) und experimentellen [3] reduzierten ($^{13}C/^{12}C$)-Zustandssummenverhältnissen — in Einheiten von $[(\sigma_2/\sigma_1)f - 1) \cdot 10^3$; die gestrichelte Linie stellt die ideale Korrelationsgerade dar

[1]) Anschrift: DDR-7050 Leipzig, Permoserstr. 15

Mängeln der semiempirischen Verfahren, sondern beinhalten ebenso mögliche Fehler der „experimentellen" Vergleichsgrößen, resultierend aus im Verlaufe der Rechnung notwendigen Beschränkungen im Molekülkraftfeld sowie Unsicherheiten bei der Zuordnung gemessener Schwingungsfrequenzen zu den Normalschwingungen des betreffenden Moleküls.

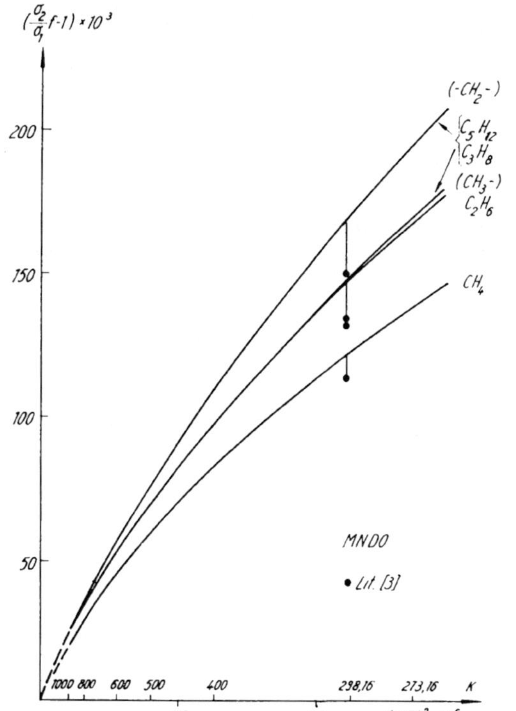

Abb. 2. Temperaturabhängigkeit der reduzierten ($^{13}C/^{12}C$)-Zustandssummenverhältnisse von Methan, Ethan, Propan und Pentan

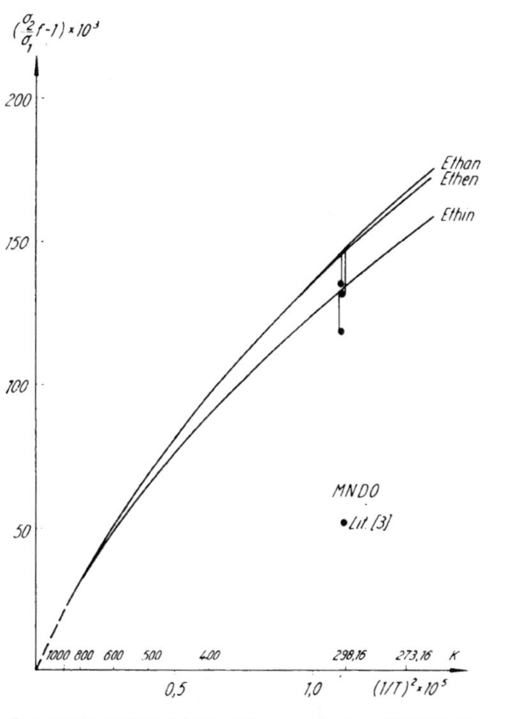

Abb. 3. Temperaturabhängigkeit der reduzierten ($^{13}C/^{12}C$)-Zustandssummenverhältnisse von Ethan, Ethen und Ethin

Verwertbare Aussagen gewinnt man aus den Berechnungen erst, wenn man eine Reihe von Molekülen nach bestimmten strukturchemischen Gesichtspunkten miteinander vergleicht. So ist z. B. in Abb. 2 — wie bei der H/D-Substitution [4] — ein Ansteigen der reduzierten ($^{13}C/^{12}C$)-

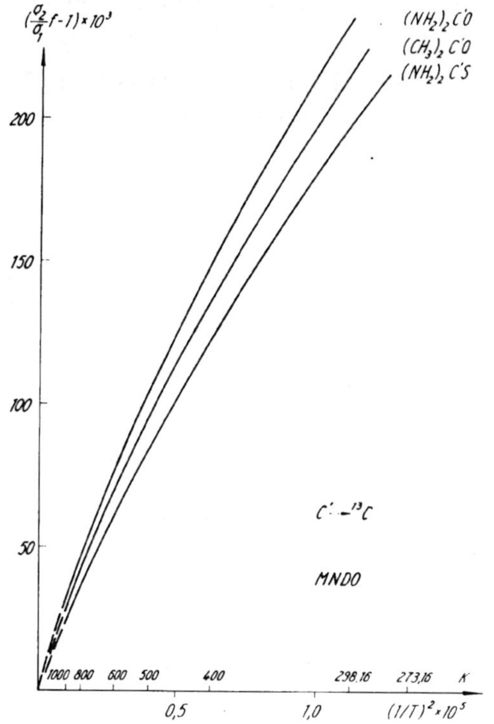

Abb. 4. Temperaturabhängigkeit der reduzierten ($^{13}C/^{12}C$)-Zustandssummenverhältnisse von Harnstoff, Thioharnstoff und Dimethylketon

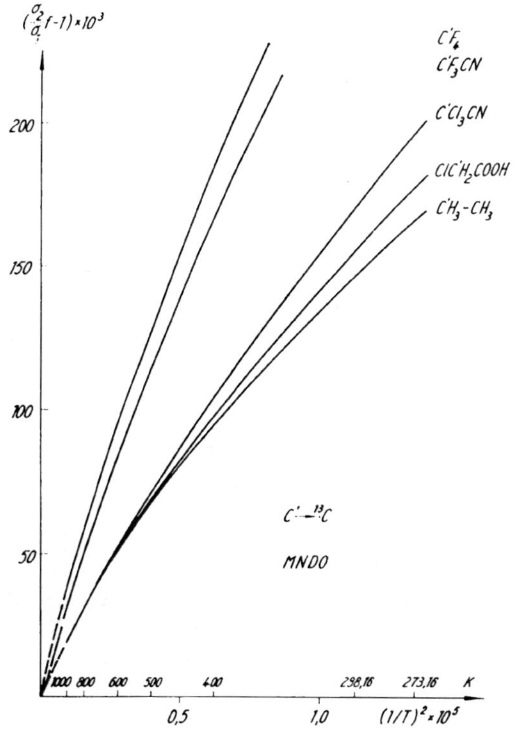

Abb. 5. Temperaturabhängigkeit der reduzierten ($^{13}C/^{12}C$)-Zustandssummenverhältnisse von Ethan, Monochloressigsäure, Trichlormethylcyanid, Trifluormethylcyanid und Tetrafluormethan

Zustandssummenverhältnisse in der homologen Alkanreihe zu erkennen, wobei wiederum sowohl der CH_3-Gruppe als auch der CH_2-Gruppe jeweils ein relativ konstanter $(\sigma_2/\sigma_1)f$ -Wert zugeordnet werden kann. In diesem Zusammenhang ist es nun auch sinnvoll, einen Vergleich mit den β-Faktoren von *Galimov* [3] anzustellen. Wie man sieht, ist trotz der ziemlich großen numerischen Abweichungen eine gute Korrelation der Ergebnisse zu verzeichnen.

Letztere Feststellung trifft aber z.B. nicht für den Vergleich der Verbindungen Ethan, Ethen und Ethin zu (Abb. 3), wobei in [3] das Ethen den höchsten $(^{13}C/^{12}C)\beta$-Faktor besitzt. Hier ist jedoch in Betracht zu ziehen, daß bei *Galimov* [3] die β-Faktoren für Ethen und Ethin nicht auf direktem Wege berechnet worden sind. Es handelt sich dabei vielmehr um — im Zusammenhang mit einem dort verwendeten Inkrementsystem — abgeleitete Werte.

Abb. 4 demonstriert die in [4] diskutierte Abhängigkeit des reduzierten Zustandssummenverhältnisses von der Stellung der dem isotop substituierten Atom benachbarten Elemente im Periodensystem. Eindeutig vergleichbar sind dabei die Paare Harnstoff/Thioharnstoff und Harnstoff/Dimethylketon, während im Falle der Paarung Dimethylketon/Thioharnstoff einander konkurrierende Faktoren wirksam werden. Jedoch kann man auch hier zu einer qualitativ richtigen Abschätzung gelangen, wenn man berücksichtigt, daß der Übergang zwischen zwei Perioden einen stärkeren Einfluß hat als der Wechsel zwischen benachbarten Gruppen innerhalb einer Periode (s. [4]).

In Abb. 5 ist die Erhöhung der $(\sigma_2/\sigma_1)f$-Werte mit zunehmender elektrophiler Belastung des isotop substituierten Atoms verdeutlicht, während in Abb. 6 das Ansteigen der reduzierten $(^{13}C/^{12}C)$-Zustandssummenverhältnisse in der Reihe Alkan/Alkohol/Aldehyd, Keton/Carbonsäure gezeigt ist. Die Erhöhung des $(\sigma_2/\sigma_1)f$-Wertes für das Keton gegenüber dem Aldehyd ist hauptsächlich eine Folge des Ersatzes von Wasserstoff durch eine Methylgruppe, erklärt sich also aus der *Waldmann*schen Regel (s. [4]). Der Vergleich mit den β-Faktoren von *Galimov* [3] weist darauf hin, daß mit beiden Verfahren analoge Ergebnisse erhalten werden.

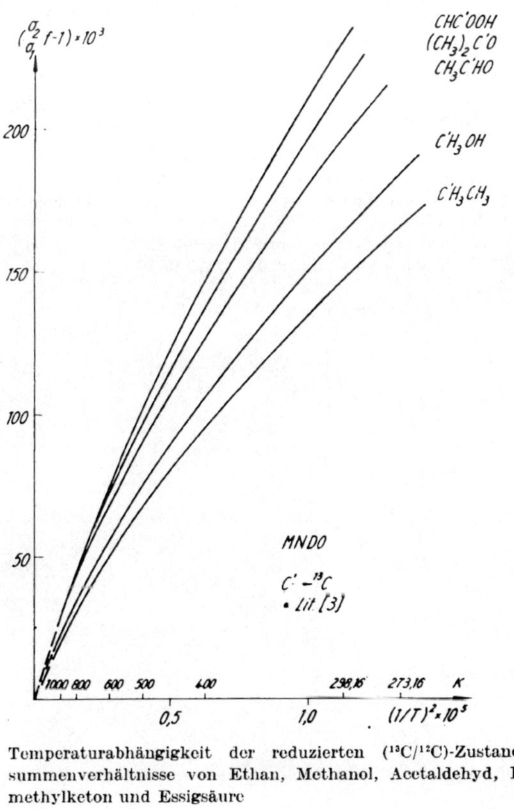

Abb. 6. Temperaturabhängigkeit der reduzierten $(^{13}C/^{12}C)$-Zustandssummenverhältnisse von Ethan, Methanol, Acetaldehyd, Dimethylketon und Essigsäure

Zu den wesentlichen Vorteilen des quantenchemischen Vorgehens bei der Bestimmung reduzierter Zustandssummenverhältnisse gehört, daß durch die Vermeidung von Fehlern bei der Interpretation experimenteller Daten und die Berücksichtigung sämtlicher Wechselwirkungen im Molekül eine detailliertere Analyse der strukturell bedingten Differenzierung von Isotopieeffekten möglich ist. Darüber hinaus ergeben sich Möglichkeiten für weiterführende Erkenntnisse. Das soll am folgenden Beispiel erläutert werden.

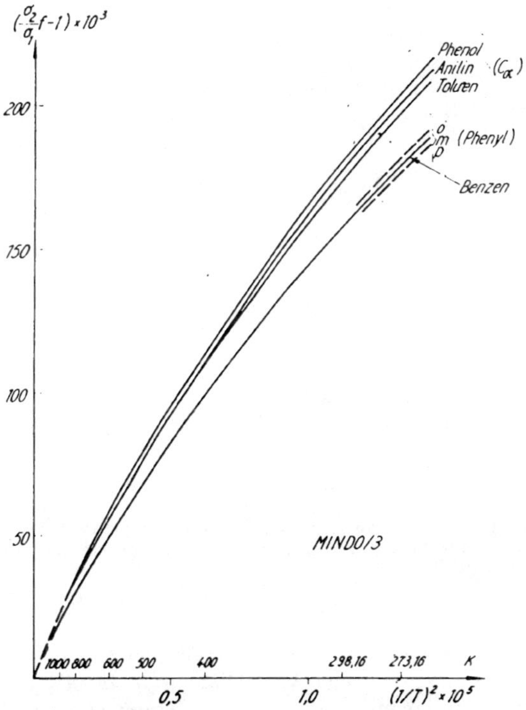

Abb. 7. Temperaturabhängigkeit der reduzierten $(^{13}C/^{12}C)$-Zustandssummenverhältnisse von Benzen und Benzenderivaten

Abb. 7 zeigt zunächst den Unterschied zwischen den $(\sigma_2/\sigma_1)f$-Werten bei isotoper Substitution der verschieden gebundenen C-Atome von Benzenderivaten. Dabei liegen die Werte für die Ringatome der o-, m- und p-Stellung niedriger als diejenigen des C_α-Atoms und erscheinen wenig differenziert (bei *Galimov* [3] nicht unterschieden). Die reduzierten Zustandssummenverhältnisse für den isotopen Ersatz des C_α-Atoms hängen in bekannter Weise mit den Substituentenkonstanten zusammen (vgl. [4]). Bei genauerer Betrachtung der quantenchemischen Resultate ist jedoch noch ein weiterer Zusammenhang erkennbar und zwar mit der Ladungsverteilung im Molekül.

In Abb. 8 ist dieser Sachverhalt illustriert. Dabei entspricht einer geringeren negativen Ladung des C-Atoms ein höheres reduziertes $(^{13}C/^{12}C)$-Zustandssummenverhältnis. Die Erklärung hierfür kann über die Kausalkette: Atomladung — effektive Kernladung — Kraftkonstante — Schwingungsfrequenz — $(\sigma_2/\sigma_1)f$-Wert gegeben werden, wobei zweckmäßigerweise der Begriff der sog. „atomaren" (oder kartesischen) Kraftkonstante [5] zu verwenden ist, die ein Maß für die Potentialumgebung des betreffenden

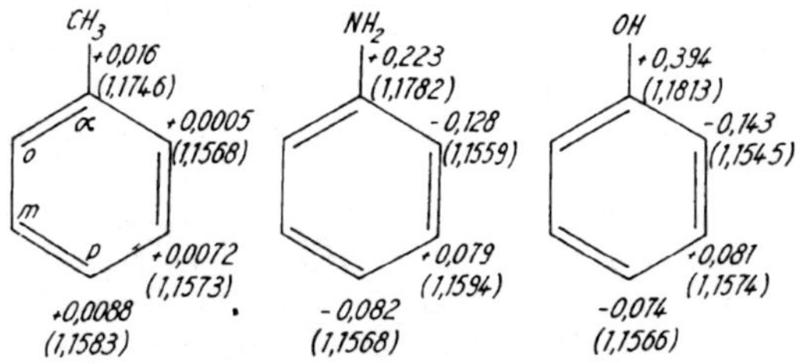

Abb. 8. Atomnettoladungen (MINDO/3) am Kohlenstoff und $(\sigma_2/\sigma_1)f$-Werte (in Klammern) bei $^{12}C/^{13}C$-Substitution für 300 K

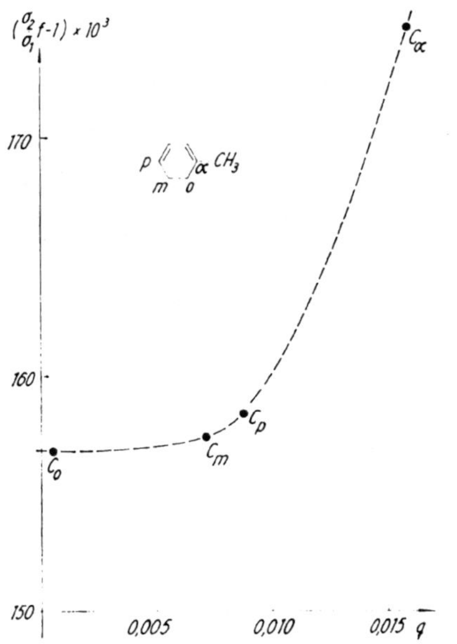

Abb. 9. Beziehung zwischen der Atomnettoladung q (MINDO/3) und dem $(\sigma_2/\sigma_1)f$-Wert bei $^{12}C/^{13}C$-Substitution am entsprechenden C-Atom

Atoms darstellt. Einer Verringerung der negativen Atomladung entspricht eine Vergrößerung der effektiven Kernladung und damit — wie schon im Zusammenhang mit dem Periodensystem diskutiert [4] — einer höheren (atomaren) Kraftkonstante (einer höheren Frequenz der Schwingungen, an denen das Atom beteiligt ist, und damit einem größeren reduzierten Zustandssummenverhältnis).

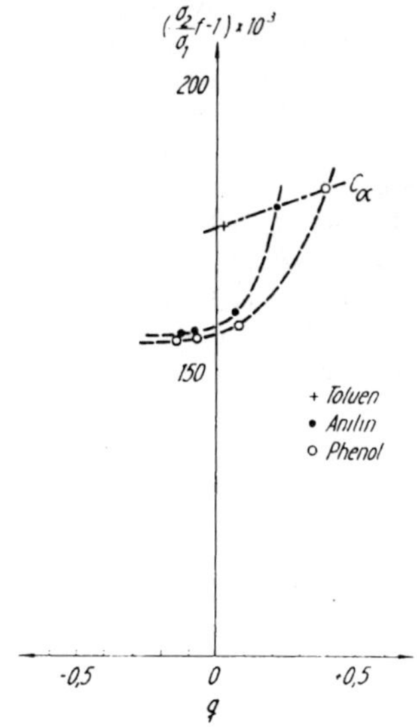

Abb. 10. Innermolekulare und zwischenmolekulare Abhängigkeit der $(\sigma_2/\sigma_1)f$-Werte (bei $^{12}C/^{13}C$-Substitution) von der Atomnettoladung q (für 300 K)

Bemerkenswert ist, daß durch das quantenchemische Verfahren selbst die sehr geringen Unterschiede zwischen der o-, m- und p-Stellung des C-Atoms im Toluen in definierter Relation wiedergegeben werden (Abb. 9). Bei Anilin und Phenol sind die entsprechenden $(\sigma_2/\sigma_1)f$-Werte stärker differenziert (Abb. 10). Auf Abb. 10 ist gleichzeitig die Möglichkeit des zwischenmolekularen Vergleichs bezüglich der Ladungsabhängigkeit der $(\sigma_2/\sigma_1)f$-Werte gegeben.

Sollten sich die hier angedeuteten Regelmäßigkeiten in breiterem Umfang bestätigen, dann würde es in bestimmten Fällen möglich, Isotopieeffekte durch die Berechnung der Ladungsverteilung in den beteiligten Molekülen abzuschätzen. Solche Berechnungen benötigen erheblich weniger Zeit als komplette Schwingungsanalysen und könnten hierdurch den rechnerischen Zugang zu größeren Systemen wesentlich erweitern.

Eingegangen am 22. 7. 1983

Literatur

[1] *G. Hanschmann*, Isotopenpraxis **20** (1984) 161
[2] *G. Christoph*, Isotopenpraxis **18** (1982) 133; 176
[3] *E. M. Galimov*, Izotopy ugleroda v neftegazovoj geologii, Moskva: Nedra 1973
[4] *G. Hanschmann*, Isotopenpraxis **18** (1982) 203
[5] *W. T. King*, J. Chem. Phys. **57** (1972) 4535

Isotopenpraxis **20** (1984) 5, S. 169 bis 173

Reduzierte Zustandssummenverhältnisse isotoper Moleküle auf quantenchemischer Grundlage

IV. Mitt. MNDO- und MINDO/3-MO-Berechnungen zur $^{14}N/^{15}N$- und $^{16}O/^{18}O$-Substitution

G. Hanschmann

(Forschungsstelle für chemische Toxikologie der AdW der DDR)[1])

Anhand der graphischen Darstellung ihrer Temperaturabhängigkeit werden die reduzierten Zustandssummenverhältnisse von 36 Verbindungen für die $^{14}N/^{15}N$- und $^{16}O/^{18}O$-Substitution miteinander verglichen. Dabei werden die bereits für andere Isotopensubstitutionen festgestellten Zusammenhänge zwischen dem Zustandssummenverhältnis und der chemischen Struktur — insbesondere der Nettoladung des isotop substituierten Atoms — erneut verdeutlicht. Es wird außerdem sowohl auf die Grenzen als auch auf Anwendungsmöglichkeiten der semiempirischen Berechnungen hingewiesen.

The reduced partition function ratios of 36 compounds concerning the $^{14}N/^{15}N$- and $^{16}O/^{18}O$-substitutions are mutually compared by means of diagrams of their temperature dependence. At this the earlier stated relationships between the partition function ratio and the chemical structure — especially the net charge of the isotopically substituted atom — are illustrated again. Besides it is referred to the limitations as well as to applications of the semiempirical calculations.

Keywords

calculations; isotope effect; nitrogen 15; oxygen 18; partition functions; quantum mechanics; stable isotopes; statistical mechanics

1. Einleitung

In den vorangegangenen Mitteilungen wurde die verwendete Methode zur Berechnung der reduzierten Zustandssummenverhältnisse erläutert [1, 2] und deren Abhängigkeit von der chemischen Struktur der betreffenden Verbindung demonstriert [2, 3]. Insbesondere ließ sich ein Zusammenhang zur Nettoladung des isotop substituierten Atoms herstellen [3].

Diese Mitteilung enthält Ergebnisse für die $^{14}N/^{15}N$- und $^{16}O/^{18}O$-Substitution, wobei erneut die Möglichkeiten und Grenzen derartiger Berechnungen verdeutlicht werden sollen.

2. Ergebnisse und Diskussion

Wie in [1] beschrieben, können die zur statistisch-mechanischen Berechnung der reduzierten Zustandssummenverhältnisse notwendigen Molekülschwingungsfrequenzen unter Umgehung experimenteller Schwierigkeiten rechnerisch mittels quantenchemischer MO-Methoden bestimmt werden. Dadurch lassen sich ausgedehnte vergleichende Untersuchungen — unter systematischer Variation der chemischen Struktur der isotop substituierten Verbindungen — mit dem Ziel des Erkennens allgemeiner Gesetzmäßigkeiten und Zusammenhänge durchführen [1—3]. Es ist aber aufgrund des Näherungscharakters semi-empirischer quantenchemischer Verfahren — nur solche sind wegen ihres im Vergleich zu den Ab-initio-Methoden geringeren Rechenzeitbedarfs im gewünschten Umfang einsetzbar — nicht möglich, absolut richtige Zahlenwerte für die Zustandssummenverhältnisse zu erhalten. In verstärktem Maße gilt diese Feststellung für daraus abgeleitete Größen wie z. B. Gleichgewichtskonstanten von Isotopenaustauschreaktionen. Die größten Fehler treten bei schwereren Elementen als Wasserstoff auf, wo die reduzierten Zustandssummenverhältnisse

$$(\sigma_2/\sigma_1)\, f = (\sigma_2/\sigma_1)\, Q'(A_2)/Q'(A_1) \tag{1}$$

mit

$$Q' = Q \prod_{l=1}^{N} m_l^{3/2} \tag{2}$$

(Q — Zustandssumme; σ — Symmetriezahl; m_l — Massen der N Atome des Moleküls A; 1 bzw. 2 — Index für leichteres bzw. schwereres Molekül) in der Nähe von Eins liegen.

Bei der Berechnung der Gleichgewichtskonstanten [4]

$$K = Q(A_2)/Q(A_1)^{\alpha}/Q(B_2)/Q(B_1)^{\beta} \tag{3}$$

für eine Isotopenaustauschreaktion

$$\alpha A_1 + \beta B_2 \rightleftharpoons \alpha A_2 + \beta B_1 \tag{4}$$

vergrößert sich der Fehler noch durch die Quotientenbildung. Tab. 1 soll diese Tatsache illustrieren. Während die Reihenfolge der $(\sigma_2/\sigma_1)f$-Werte richtig berechnet wird, zeigen die entsprechenden Gleichgewichtskonstanten eine vom Experiment abweichende Abstufung („Experiment" bedeutet in diesem Fall [5], daß die zur statistisch-mechanischen Berechnung notwendigen Schwingungsfrequenzen experimentell bzw. über eine Normalkoordinatenanalyse bestimmt worden sind). Es ist somit lediglich die allgemeine Aussage zuverlässig, daß das Anreicherungsvermögen für ^{15}N in der Reihe $NH_3/N_2/NH_4^+$ zunimmt.

Unter bestimmten Voraussetzungen können jedoch auch K- bzw. K_r (reduzierte Gleichgewichtskonstante [4])-Werte miteinander verglichen werden, nämlich dann, wenn es sich um ein und dieselbe chemische Reaktion unter-

[1]) Anschrift: DDR-7050 Leipzig, Permoserstr. 15

Tab. 1. Reduzierte Zustandssummenverhältnisse und Gleichgewichtskonstanten des $^{14}N/^{15}N$-Austauschs zwischen N_2, NH_3 und NH_4^+ bei 500 K

Verbindung	ber. MINDO/3	MNDO	exp. [5]	
NH_3	1,033	1,039	1,035	
N_2	1,043	1,051	1,041	$(\sigma_2/\sigma_1)f$
NH_4^+	1,048	1,064	1,053	
Reaktion				
NH_4^+/NH_3	1,015	1,015	1,017	
NH_4^+/N_2	1,005	1,003	1,012	K_r
N_2/NH_3	1,010	1,012	1,006	

K_r — reduzierte Gleichgewichtskonstante [4]:

$$K_r = (\sigma_2/\sigma_1)_A\, f(A)/(\sigma_2/\sigma_1)_B\, f(B)$$

Tab. 2. Berechnete reduzierte Gleichgewichtskonstanten des $^{14}N/^{15}N$-Austauschs zwischen NH_3 und HNO bzw. entsprechenden deuterierten Verbindungen bei 298,16 K

Reaktion	K_r
$^{15}NH_3 + H^{14}NO \rightleftharpoons {}^{14}NH_3 + H^{15}NO$	1,0325
$^{15}NH_3 + D^{14}NO \rightleftharpoons {}^{14}NH_3 + D^{15}NO$	1,0407
$^{15}ND_3 + H^{14}NO \rightleftharpoons {}^{14}ND_3 + H^{15}NO$	1,0160

schiedlich isotop substituierter Verbindungen handelt. Dabei läßt sich auf rechnerischem Wege sehr rasch die Auswirkung gemischter Isotopensubstitutionen ermitteln. In Tab. 2 ist der Einfluß des teilweisen Ersatzes von Wasserstoff durch Deuterium auf den $^{14}N^{15}N$-Austausch zwischen NH_3 und HNO demonstriert.

Abgesehen von den zuletzt erwähnten Anwendungen sind also nur die berechneten reduzierten Zustandssummenverhältnisse mit hinreichender Zuverlässigkeit zu qualitativen Vergleichen einsetzbar. Die dabei gewinnbaren allgemeinen Aussagen sollen im folgenden für den Fall der $^{14}N/^{15}$-Substitution — analog zu den früheren Mitteilungen [1—3] — anhand der Darstellung der Temperaturabhängigkeit der $(\sigma_2/\sigma_1)f$-Werte erläutert werden.

Abb. 1 zeigt die Verhältnisse beim Stickstoff der NH_2-Gruppe. Der zunehmenden elektrophilen Belastung (CH_3/NH_2/OH) entspricht eine Erhöhung der reduzierten ($^{15}N/^{14}N$)-Zustandssummenverhältnisse. Beim Übergang von NH_3 zu NH_2CH_3 spielt die Vergrößerung des Moleküls die wesentliche Rolle, d. h., es gilt die *Waldmann*sche Regel (vgl. [2, 3]).

Wird die Methylgruppe durch einen Phenylrest ersetzt, tritt wieder hauptsächlich als Folge der *Waldmann*schen Regel eine weitere Erhöhung des reduzierten Zustandssummenverhältnisses ein (Abb. 2). In Abb. 2 ist ferner zu erkennen, daß der Zuwachs für den $(\sigma_2/\sigma_1)f$-Wert beim sukzessiven Ersatz mehrerer Wasserstoffatome durch Methylgruppen bzw. Phenylreste allmählich immer geringer wird.

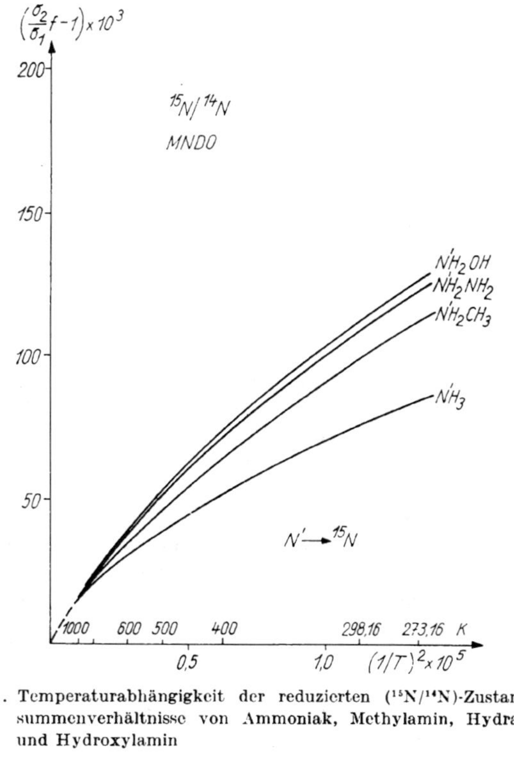

Abb. 1. Temperaturabhängigkeit der reduzierten ($^{15}N/^{14}N$)-Zustandssummenverhältnisse von Ammoniak, Methylamin, Hydrazin und Hydroxylamin

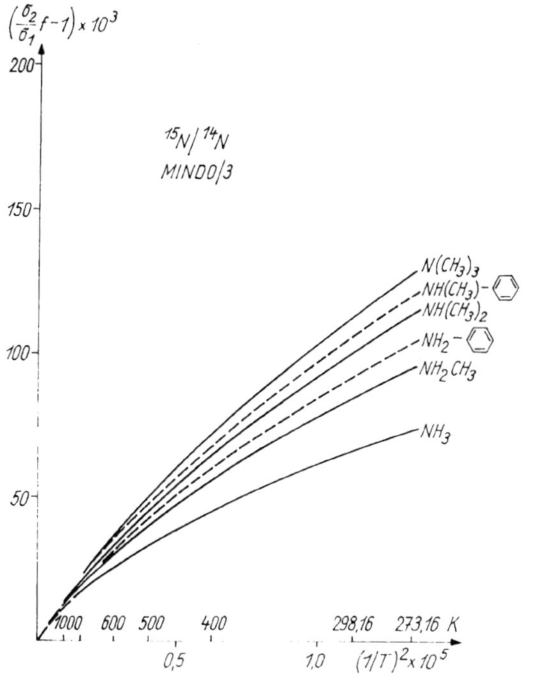

Abb. 2. Temperaturabhängigkeit der reduzierten ($^{15}N/^{14}N$)-Zustandssummenverhältnisse von Ammoniak, Methylamin, Anilin, Dimethylamin, N-Methylanilin und Trimethylamin

Ist eine Molekülvergrößerung (Erhöhung der Zahl der Freiheitsgrade [4]) gleichzeitig mit einer Zunahme des Elektronenzuges am isotop substituierten Atom verbunden, kommt es zu einem besonders starken Ansteigen des reduzierten Zustandssummenverhältnisses (Abb. 3).

Aus Abb. 4 ist abzulesen, daß der $(\sigma_2/\sigma_1)f$-Wert für die Aminogruppe verschiedener Aromaten praktisch konstant ist und nur wenig über demjenigen für das Methylamin liegt. Gleichzeitig ist zu sehen, daß sich der $(\sigma_2/\sigma_1)f$-Wert für den Ringstickstoff in verschiedenen Heteroaromaten nur wenig von demjenigen des Stickstoffs der Aminogruppe unterscheidet. Auffällig ist lediglich die abweichende Temperaturcharakteristik, d. h. die größere Steilheit der Kurven für den Ringstickstoff.

Bei der $^{16}O/^{18}O$-Substitution sind im wesentlichen zwei Fälle zu unterscheiden: einmal die Bindung des Sauer-

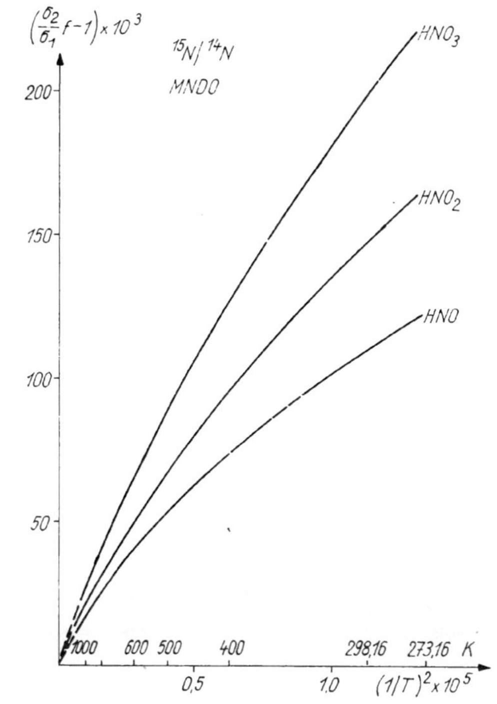

Abb. 3. Temperaturabhängigkeit der reduzierten ($^{15}N/^{14}N$)-Zustandssummenverhältnisse von Nitrosylhydrid, salpetriger Säure und Salpetersäure

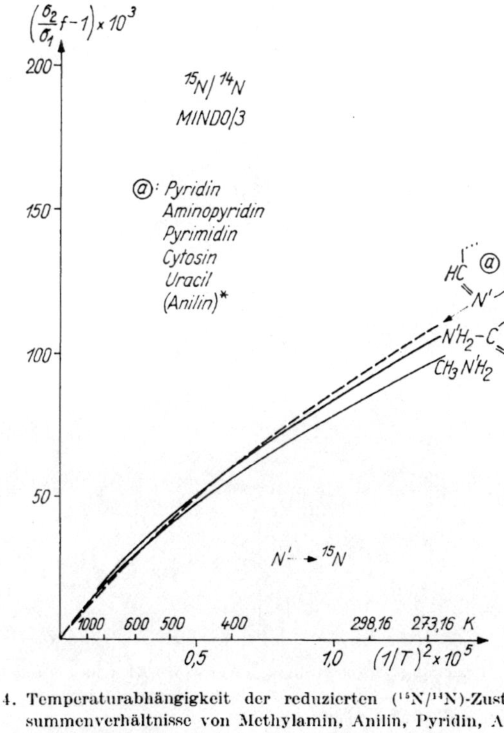

Abb. 4. Temperaturabhängigkeit der reduzierten ($^{15}N/^{14}N$)-Zustandssummenverhältnisse von Methylamin, Anilin, Pyridin, Aminopyridin, Pyrimidin, Cytosin und Uracil
* Ring-N → Ring-C

stoffs zu nur einem Atom (endständig) und zum anderen zu zwei Atomen (mittelständig).

Im ersten Fall sind keine allzu großen strukturbedingten Differenzierungen in den $(\sigma_2/\sigma_1)f$-Werten zu erwarten, da die (C=O)-Doppelbindung eine ziemlich konstante spektrale Charakteristik (Schwingungsfrequenz) besitzt. Ein Beispiel dafür ist in Abb. 5 gezeigt. Deutliche Unterschiede

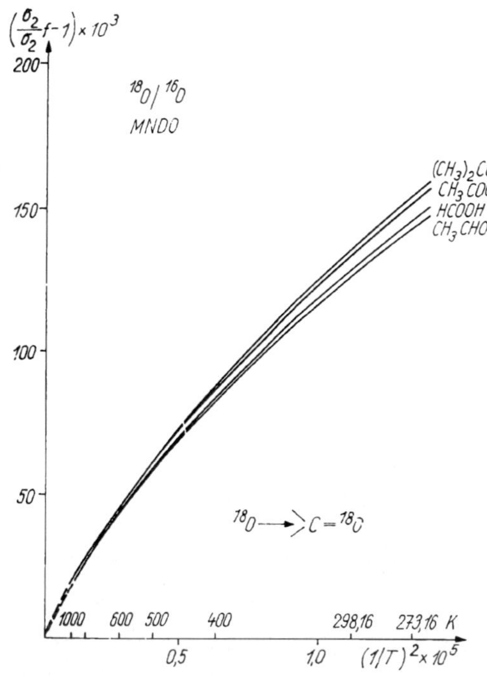

Abb. 5. Temperaturabhängigkeit der reduzierten ($^{18}O/^{16}O$)-Zustandssummenverhältnisse von Acetaldehyd, Ameisensäure, Essigsäure und Dimethylketon

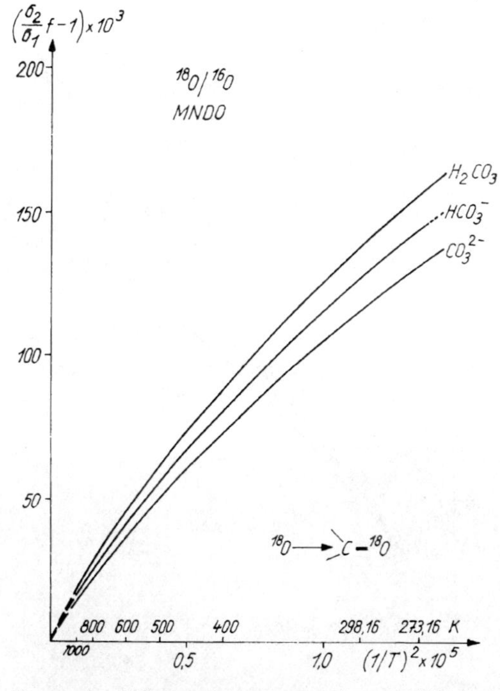

Abb. 6. Temperaturabhängigkeit der reduzierten ($^{18}O/^{16}O$)-Zustandssummenverhältnisse des Carbonatanions, des Hydrogencarbonatanions und der Kohlensäure

ergeben sich hier vor allem durch die Kopplung der (C=O)-Schwingung mit dem Molekelrest (*Waldmann*sche Regel).

Etwas größere Änderungen des reduzierten Zustandssummenverhältnisses sind bei endständigem Sauerstoff dann zu erwarten, wenn Molekülgröße und Kraftkonstante gleichsinnig erhöht werden (s. Abb. 6; vgl. Abb. 3).

Abb. 7 bringt ein Beispiel für den Fall des mittelständigen Sauerstoffs. Hier sind die Abstufungen ausgeprägter, sie entsprechen den bisher diskutierten Regel-

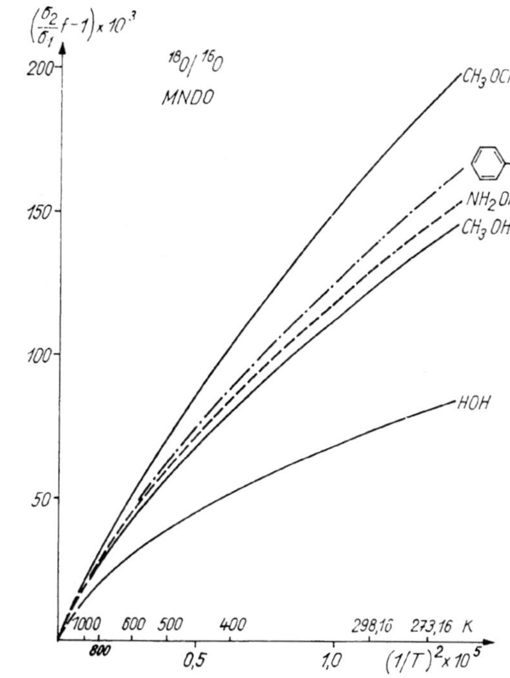

Abb. 7. Temperaturabhängigkeit der reduzierten ($^{18}O/^{16}O$)-Zustandssummenverhältnisse von Wasser, Methanol, Hydroxylamin, Phenol und Dimethylketon

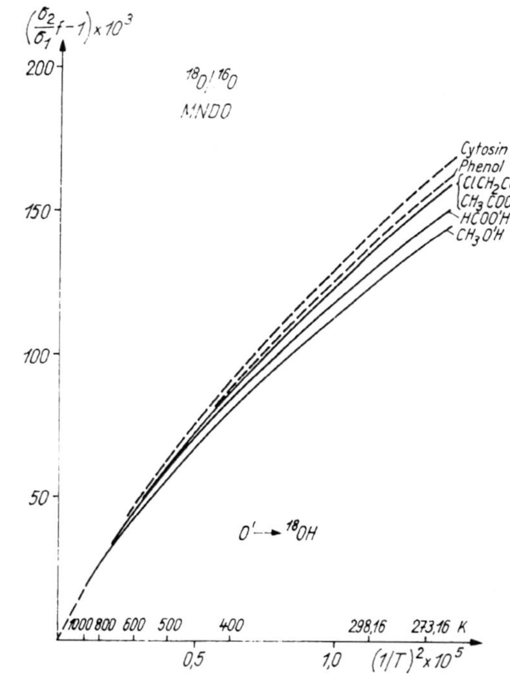

Abb. 8. Temperaturabhängigkeit der reduzierten ($^{18}O/^{16}O$)-Zustandssummenverhältnisse von Methanol, Ameisensäure, Essigsäure, Monochloressigsäure, Phenol und Cytosin

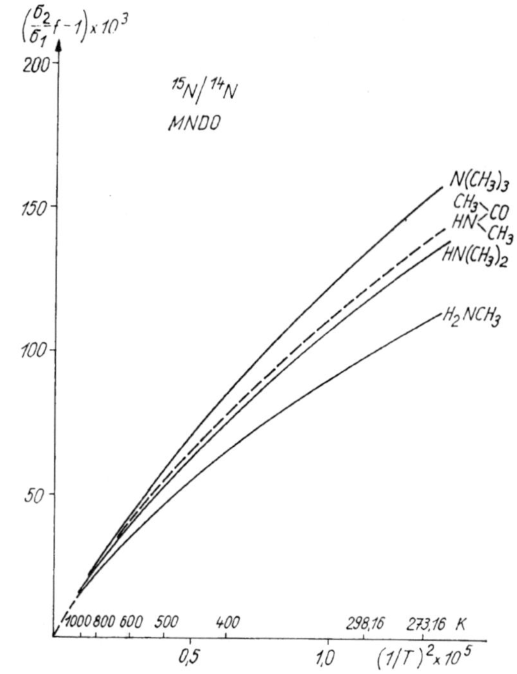

Abb. 9. Temperaturabhängigkeit der reduzierten ($^{15}N/^{14}N$)-Zustandssummenverhältnisse von Methylamin, Dimethylamin, N-Methylacetamid und Trimethylamin

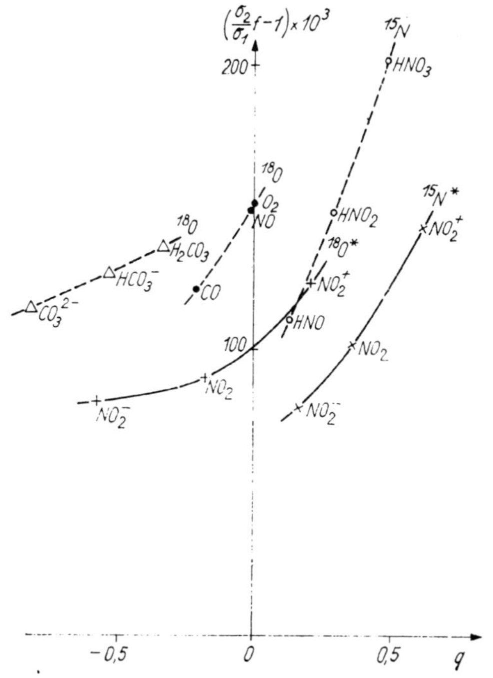

Abb. 10. Beziehung zwischen $(\sigma_2/\sigma_1)f$-Wert (300 K) und Nettoladung q (MNDO) am isotop substituierten Atom (^{15}N bzw. ^{18}O)
* experimentelle $(\sigma_2/\sigma_1)f$-Werte aus [6]

mäßigkeiten: Erhöhung des $(\sigma_2/\sigma_1)f$-Wertes bei zunehmend elektrophiler Belastung des Sauerstoffs (CH_3OH/NH_2OH) und beim Ersatz von Wasserstoff durch den Methyl- bzw. Phenylrest.

Nicht so übersichtlich sind die Verhältnisse bei unterschiedlich gebundenen OH-Gruppen (Abb. 8). Der Anstieg des reduzierten Zustandssummenverhältnisses in der Reihe: Alkohol/Säure/Phenol ist sowohl durch die zunehmende Kopplung der OH-Schwingungen mit dem Molekelrest als auch durch ansteigende Kraftkonstanten bedingt [2]. Die praktische Übereinstimmung der $(\sigma_2/\sigma_1)f$-Werte für Essigsäure und Monochloressigsäure weist darauf hin, daß eine wesentliche Kraftkonstantenabhängigkeit bei diesem Verbindungstyp (aliphatische Carbonsäure) nur etwa bis zum zweiten Nachbar der OH-Gruppe besteht. Die Erhöhung der $(\sigma_2/\sigma_1)f$-Werte bei aromatischen Hydroxylgruppen wird zweifellos durch deren stärkere Wechselwirkung mit dem π-Elektronensystem des Ringes bewirkt, wobei der höhere Wert für Cytosin gegenüber Phenol seine Ursache im Ersatz des Ring-C-Atoms in Nachbarschaft zur (COH)-Gruppierung durch den elektrophileren Stickstoff haben dürfte.

Das letzte Beispiel zeigt, daß in den Fällen, wo nur relativ geringe strukturell bedingte Unterschiede in den reduzierten Zustandssummenverhältnissen zu erwarten sind, theoretische Untersuchungen eine sehr wesentliche Hilfe darstellen können.

In einfacheren Fällen sind u. U. bereits unter Verwendung der oben diskutierten allgemeinen Zusammenhänge Abschätzungen von reduzierten Zustandssummenverhältnissen möglich. Ist z. B. die Frage nach ^{15}N-Isotopieeffekten im Zusammenhang mit der Peptidbrücke in Eiweißstoffen gestellt, dann würde man zunächst als einfachste Modellverbindung das N-Methyl-acetamid wählen. Es enthält die (–CO–NH–)-Gruppierung, wobei dem Stickstoff ein Wasserstoffatom und zwei Kohlenstoffatome benachbart sind. Unter der Annahme, daß die nächsten Nachbarn den stärksten Einfluß ausüben, kann man nun schlußfolgern, daß das reduzierte ($^{15}N/^{14}N$)-Zustandssummenverhältnis des N-Methyl-acetamids einen Wert in der Nähe desjenigen des Dimethylamins (vgl. Abb. 2) besitzen wird. Da jedoch sowohl die unterschiedliche Molekülgröße als auch der polarisierende Einfluß des Sauerstoffs in Betracht gezogen werden müssen, wird ein etwas erhöhter $(\sigma_2/\sigma_1)f$-Wert zu erwarten sein. Dieser wird aber mit großer Wahrscheinlichkeit unterhalb desjenigen für das Trimethylamin liegen. Durch eine entsprechende Berechnung werden diese Erwartungen bestätigt (Abb. 9).

Ähnliche Abschätzungen von $(\sigma_2/\sigma_1)f$-Werten – und damit von thermodynamischen Eigenschaften isotopischer Systeme [4, 5] – können auch unter Ausnutzung des in [3] diskutierten Zusammenhangs des reduzierten Zustandssummenverhältnisses mit der Nettoladung des isotop substituierten Atoms möglich werden. Abb. 10 enthält für die $^{14}N/^{15}N$- und $^{16}O/^{18}O$-Substitution entsprechende Korrelationen. Bevor sich jedoch berechnete Ladungsverteilungen in einem Molekül zu verläßlichen Voraussagen über zu erwartende Isotopieeffekte verwenden lassen, sind noch spezielle und genauere theoretische Untersuchungen zu den Grenzen eines solchen Vorgehens erforderlich.

Eingegangen am 16. 9. 1983

Literatur

[1] *G. Hanschmann*, Isotopenpraxis **18** (1982) 203
[2] *G. Hanschmann*, Isotopenpraxis **20** (1984) 161
[3] *G. Hanschmann*, Isotopenpraxis **20** (1984) 165
[4] *G. Vojta*, Theorie der thermodynamischen Isotopieeffekte. Lehrbuch der Kernphysik. Hrsg. *G. Hertz*. Bd. III. Leipzig: B. G. Teubner 1962, S. 88
[5] *H. C. Urey*, J. Chem. Soc. **1947**, 562
[6] *E. U. Monse, W. Spindel, M. J. Stern*, Adv. Chem. Ser. **89** (1969) 148

Isotopenpraxis **20** (1984) 5, S. 173 bis 179

The New Kinetic Isotope Effect in the Ion Exchange and Liquid-Liquid Extraction Systems

J. Cabicar, K. Štamberg

(Technical University of Prague, Faculty of Nuclear Science and Physical Engineering, Department of Nuclear Chemistry)[1])

The reaction kinetics of the isotope exchange and ion exchange process was studied on ion exchanger and liquid-liquid extraction systems. At least there were three exchangeable components in these systems (A, B and C); A and B are isotopes of one element which have different concentrations ($A \ll B$). It has been found that time function of the isotope separation factor has an extreme depending on the equilibrium, kinetic and hydrodynamic parameters.

Es wurde die Reaktionskinetik des Isotopenaustausches in Ionenaustauscher- und Lösungsmittel-Extraktions-Systemen studiert. In diesen Systemen gab es mindestens drei austauschbare Komponenten: A, B und C. A und B waren Isotope eines Elementes mit verschiedener Konzentration ($A \ll B$). Es wurde gefunden, daß die Zeitabhängigkeit des Isotopenseparationsfaktors ein Extrem hat, das von den Gleichgewichts-, Kinetik- und Hydrodynamik-Parametern abhängt.

Keywords

concentration dependence; ion exchange; isotope effects; isotope separation; mathematical models; solvent extraction; time dependence; uranium isotopes

1. Introduction

The contemporary interpretation of the kinetic isotope effects of the chemical reactions is based on the application of the absolute reaction rates theory, especially the theory of the transition state [1 – 3]. According to this conception, the kinetic isotope effect depends on the structure, concentration and stability of the activated complex. Molecular or atome masses of the isotope components, with the relevant zero point energy, belong to the most significant parameters of the above mentioned treatment.

Let us assume following reactions in the system:

$$A + C \xrightarrow{k_A} AC + D + \ldots \qquad (1)$$

$$B + C \xrightarrow{k_B} BC + D + \ldots \qquad (2)$$

where A and B are isotope components and k_A and k_B the rate constants. The theory of the transition state expects that the activated complexes $M_A^{\ddagger}$ and $M_B^{\ddagger}$ are formed at first and their concentration is determined through the

[1]) Address: 11519 Prague, Břehová 7, Czechoslovakia

equilibrium constants $K_A^{\ddagger}$ and $K_B^{\ddagger}$ using the following reactions:

$$A + C \overset{K_A^{\ddagger}}{\rightarrow} M_A^{\ddagger} + N + \dots \tag{3}$$

$$B + C \overset{K_B^{\ddagger}}{\rightarrow} M_B^{\ddagger} + N + \dots \tag{4}$$

By neglecting the tunnel and transmission effects and the activation coefficients, the isotope effect is expressed as a ratio of the rate constants from the reactions (1) and (2) [1, 2]:

$$\frac{k_A}{k_B} = \frac{K_A^{\ddagger}}{K_B^{\ddagger}} = \text{const.} \tag{5}$$

Therefore the contemporary theoretical conceptions understand the kinetic isotope effect virtually as an equilibrium effect which is characterized through the isotope exchange reversible reaction:

$$A + M_B^{\ddagger} \overset{K_{AB}^{\ddagger}}{\rightleftharpoons} B + M_A^{\ddagger} \tag{6}$$

where

$$K_{AB}^{\ddagger} = \frac{K_A^{\ddagger}}{K_B^{\ddagger}} \tag{7}$$

However the practical application of the relation (5) is limited as $K_A^{\ddagger}$ and $K_B^{\ddagger}$ can not easily be calculated. Ideal gase systems may be considered and reaction systems consisting of simple molecules. For this reason the ratio k_A/k_B is determined, without particular reference to activated complexes, expressing the reaction velocities (1) and (2) by usual reaction kinetic differential equations [1, 2]. The kinetic isotope effects of chemical reactions in homogeneous liquid systems [1, 2] are being described in a similar way. The case, where the chemical reactions of the type (1) and (2) were very fast and controlled by diffusion, was elaborated by *Schönert* [4, 5].

In this laboratory the theory of the isotope separation on ion exchange materials and liquid-liquid extraction agents was studied in detail. Considering heterogeneous (but also homogeneous) reaction systems in which chemical reactions or mass transfer processes take place, conclusions may be drawn that a time dependent kinetic effect exists which is brought about by different concentrations of isotope components, different rates and different types of reactions. This entirely new phenomenon was verified on $^{235}U-^{238}U$ isotope systems [6–8] and called the "concentration isotope effect".

2. Theoretical principles of the concentration isotope effect

Let us assume again that components A, B and C are contacted and that isotope components differ in concentration ($A \ll B$). In time $t = 0$, *parallel* reactions (1) and (2) start. According to the general rules of the reaction kinetics or mass transfer processes, the rates of the reactions (1) and (2) are different owing to the different concentrations of A and B:

$$r_A \neq r_B \tag{8}$$

(where r_A and r_B are rates of the reaction (1) and (2) respectively).

Consequently isotope exchange reaction starts:

$$A + BC \overset{r_{AB}}{\rightleftharpoons} B + AC \tag{9}$$

where r_{AB} is the reaction rate.

This reaction rate (r_{AB}) suppress the differences which arise from unequal rates r_A and r_B so that the system aims at equilibrium which is given by the value K_{AB}, i.e., by the equilibrium constant of the isotope exchange reaction (9). Evidently the system can be in the state of dynamic isotope exchange equilibrium at very beginning if r_{AB} is fast enough. Only in this limit case the reactions (1) and (2) describe the system completely and obviously

$$r_A \cong r_B \tag{10}$$

$$\frac{k_A}{k_B} = K_{AB} = \text{const.} \tag{11}$$

(Compare the equation (11) with the equations (5) and (7).) This means that the kinetic isotope effect is an equilibrium effect of the reaction (9) and remains constant during the course of the reactions (1) and (2).

However only reactions (1) and (2) are parallel generally; reaction (9) is consecutive reaction and the relations (10) and (11) hold only after the establisment of the equilibrium. In this general case, differential equations for the desription of concentration changes of A and B in the single reactions or in the single mass transfer processes have to be used.

For example, pressupposing that A is a microcomponent and B a macrocomponent (it means that the concentration changes of B are practically independent of A), it holds:

a) for the change of the B component concentration according to the reaction (2)

$$r_B = -\frac{dc_B}{dt} = f(c_B, k_B, K_B, \dots) \tag{12}$$

b) for the change of the A component concentration according to the reactions (1) and (9)

$$r_{A\Sigma} = -\frac{dc_{A\Sigma}}{dt} = r_A + r_{AB} \tag{13}$$

$$r_A = -\frac{dc_A}{dt} = f(c_{A\Sigma}, k_A, K_A, \dots) \tag{14}$$

$$r_{AB} = -\frac{dc_{Ai}}{dt} = f(c_{A\Sigma}, c_B, k_{AB}, K_{AB}, \dots) \tag{15}$$

where

$r_{A\Sigma}$	overall rate of the concentration change of the component A,
r_A	rate of the concentration change of the component A in reaction (1),
r_{AB}	rate of the concentration change of the component A in reaction (9),
r_B	overall rate of the concentration change of the component B in reaction (2),
k_A, k_B, k_{AB}	kinetic rate constants for the reactions (1), (2) and (9) respectively,
K_A, K_B	equilibrium constants for the reactions (1) and (2) respectively (only for the case of reversible reactions),
K_{AB}	equilibrium constant for the reversible reaction (9),
$c_{A\Sigma}$, c_B	measurable concentrations of the isotope components A and B respectively,
c_{Ai}, c_A	hypothetical concentrations of the isotope component A which take part in the reaction (9) and (1) respectively.

If more reactions or transport processes take place in the treated system it follows:

$$r_B = \sum_{j=1}^{m} (r_B)_j \tag{16}$$

$$r_{A\Sigma} = \sum_{j=1}^{k} (r_A)_j + \sum_{j=1}^{l} (r_{AB})_j \tag{17}$$

where m, k and l are the numbers of the reactions in which the isotope components take part.

The solution of the equations (12) and (13) or (16) and (17) yields the relationships:

$$c_{A\Sigma} = f(t) \quad \text{and} \quad c_B = f(t)$$

By means of them, the concentrations of the products in the reaction (1) and (2), i.e., $c_{AC} = f(t)$ and $c_{BC} = f(t)$ respectively, can be calculated. And the course of the concentration isotope effect can be characterized by the isotope separation factor α_t or concentration factor β_t as suitable quantities:

$$\alpha_t = \left[\frac{c_{A\Sigma} \cdot c_{BC}}{c_B \cdot c_{AC}}\right]_t + \text{const} . \tag{18}$$

$$\beta_t = \frac{R_t}{R_{t-0}} = \frac{\left[\frac{c_{A\Sigma}}{c_B}\right]_t}{\left[\frac{c_{A\Sigma}}{c_B}\right]_{t-0}} + \text{const} . \tag{19}$$

The functions $\alpha_t = f(t)$ and $\beta_t = f(t)$ pass through an extreme and the peak value (i.e., high, width and position) is dependent on parameters of the system.

On the basis of the foregoing theoretical principles, two basic conditions for an optimal kinetic isotope effect were postulated [8]: (i) the starting concentrations of isotopes must be different and (ii) the isotope exchange reaction should be slow.

3. Experimental

Materials

Ion exchangers: commercial samples of the weakly acid cation exchanger Amberlite IRC-84 and weakly basic macroreticular anion exchanger Amberlite IRA-93 were used. Sample of the cation exchanger was transformed by 0.1 M HCl solution into the hydrogen form and sample of the anion exchanger by 0.1 M NaOH solution into the free-base form. Samples were then washed with water, centrifuged (800 g) and weighed.

Liquid extraction agents: n-trioctylamin (TOA) and tributylphosphate (TBP), produced by LACHEMA (ČSSR), were used. The 0.1 M TOA solution in kerosin was transformed by 0.1 M Na_2CO_3 solution into the free-base form and the 0.1 M TBP-kerosin solution by 1 M HNO_3 solution into the HNO_3-form.

Kinetic measurements

The volume, V_a, of the U(VI) aqueous solution was brought into a stirred vessel (250 ml; 800 rpm in the case of ion exchange and ca. 200 rpm in the case of liquid extraction) which was kept at constant temperature in a water-bath (298 $\pm$ 0.1 K). After the desired temperature was reached, the centrifuged resin (weight, m) or the liquid extraction agent (volume, V_0) was added. Small aliquots of the aqueous phase (2 ml) were separated at specified time intervals and the U(VI) concentration, c_t, and isotope ratio, R_t, were determined by a spectrophotometric method using AZO I [15] and by mass-spectrometer MICROMASS 30B [16] respectively. The conditions of the experiments, i.e., V_a, V_0, m and the starting composition of the U(VI) aqueous solutions, are summarized in Tab. 1.

4. Results

The experimental data (c_t = the whole uranium concentration, R_t, t), the values of the isotope separation factor (α_t) and the standard deviations (σ_{R_t}, σ_{α_t}) are summarized in Tab. 2 and Fig. 1–4. Equation (18) or (22) was used for calculation of α_t; the standard deviations were determined by means of (20) and (21) [9]:

$$\sigma_{R_t} = \left[\frac{\sum x_i^2 - n \cdot \bar{x}^2}{n-1}\right]^{1/2} \tag{20}$$

where x_i is i^{th}-measurement of isotope ratio R_t, $\bar{x}$ is the arithmetic mean of all measured values R_t, n is the number

Tab. 1. The conditions of the experiments

Number of the exper.	Ion exchanger		Liquid extraction agent		Aqueous phase	
	Typ	Weight m g	Typ	Volume V_0 ml	Starting composition	Volume V_a ml
1	Amberlite IRC-84 (H^+-form)	2·60	—	—	0·01 M UO_2SO_4	130·00
2	Amberlite IRA-93 (free-base form)	2·50	—	—	0·01 M UO_2SO_4 + 0·1 M Na_2SO_4	125·00
3	—	—	0·1 M TOA (free-base form)	10·00	0·01 M UO_2SO_4 + 0·1 M H_2SO_4	50·00
4	—	—	1·0 M TBP (HNO_3-form)	10·00	0·3 M $UO_2(NO_3)_2$ + 2·0 M HNO_3	50·00

Tab. 2. The experimental results

Number of the exper.	t min	c_t M	$R_t \cdot 10^6$	$\sigma_{R_t} \cdot 10^6$	α_t	$\sigma_{\alpha t}$
1	0	0.0100	7435	4	1.000	
	5	0.0085	7443	7	0.993	0.006
	10	0.0077	7435	4	1.000	0.003
	30	0.0074	7399	4	1.018	0003
	60	0.0067	7386	4	1.020	0.002
	120	0.0061	7428	8	1.002	0.002
2	0	0.010	7434	6	1.000	
	5	0.0074	7407	4	1.014	0.004
	10	0.0065	7337	21	1.037	0.006
	20	0.0060	7428	8	1.007	0.003
	40	0.0055	7431	5	1.001	0.002
	80	0.0047	7407	10	1.002	0.002
3	0	0.0100	7389	6	1.000	
	0.25	0.0083	7353	6	1.029	0.007
	0.50	0.0070	7382	7	1.003	0.003
	1	0.0063	7378	9	1.004	0.003
	2	0.0070	7389	5	1.000	0.003
	4	0.0070	7388	5	1.000	0.003
4	0	0.300	7357	3	1.000	
	0.25	0.273	7358	5	0.999	0.005
	0.50	0.262	7350	4	1.008	0.005
	1	0.256	7336	9	1.020	0.008
	2	0.246	7327	7	1.023	0.005
	4	0.239	7371	10	0.991	01006

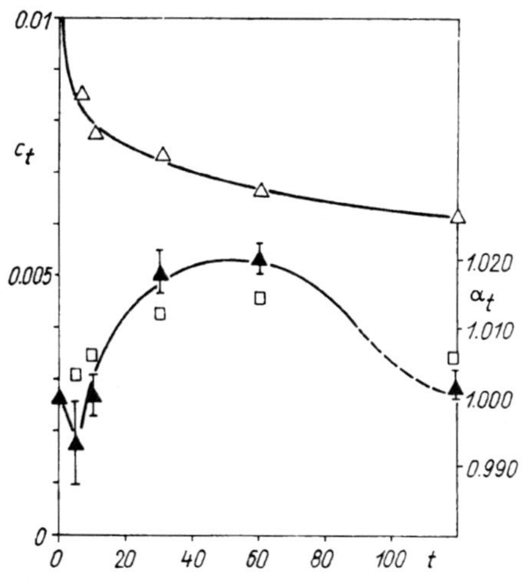

Fig. 1. Sorption kinetic of uranium isotopes on Amberlite IRC-84 (H^+-form) – experiment number 1

△ – c_t (the whole U(VI) concentration in mol. l^{-1}); ▲ – $\alpha_t \pm \sigma\alpha_t$ (isotope separation factor ± standard deviation); □ – $(\alpha_t)_{cal}$ (calculated value of the α_t); t – time in min

of measurements,

$$\sigma_{\alpha t} = \left[\left(\frac{\partial \alpha_t}{\partial c_t}\right)^2 \sigma^2_{c_t} + \left(\frac{\partial \alpha_t}{\partial c_{t=0}}\right)^2 \sigma_{c_{t=0}} + \left(\frac{\partial \alpha_t}{\partial R_t}\right)^2 \sigma^2_{R_t} + \left(\frac{\partial \alpha_t}{\partial R_{t=0}}\right)^2 \sigma^2_{R_{t=0}}\right]^{1/2} \tag{21}$$

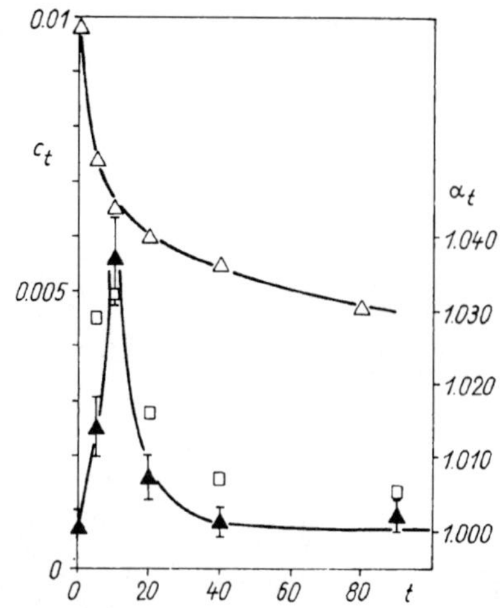

Fig. 2. Sorption kinetic of uranium isotopes on Amberlite IRA-93 (free-base form) – experiment number 2

Details as in Fig. 1

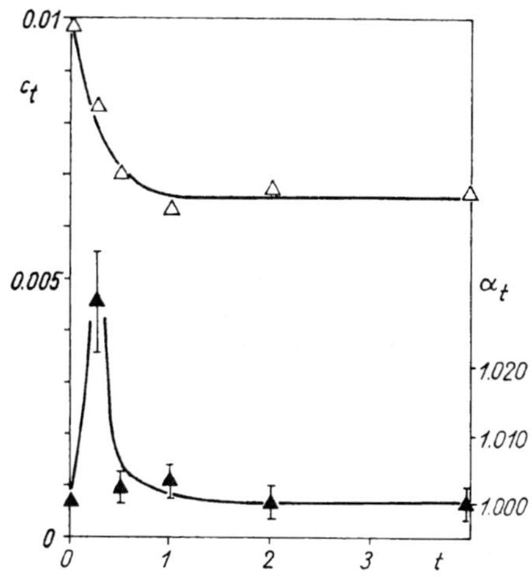

Fig. 3. Liquid-liquid extraction kinetic of uranium isotopes on TOA (free-base form) – experiment number 3

Details as in Fig. 1

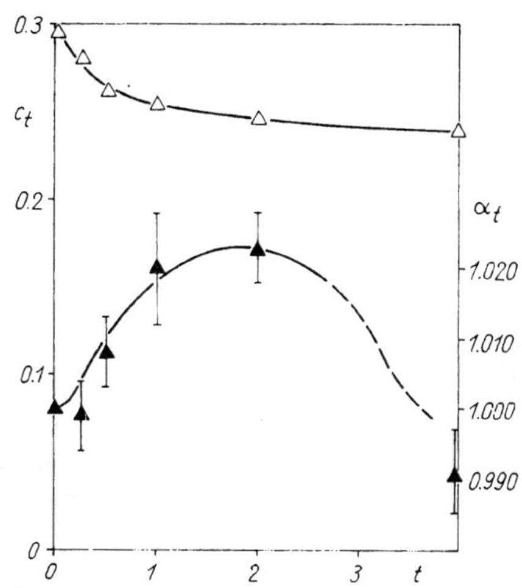

Fig. 4. Liquid-liquid extraction kinetic of uranium isotopes on TBP (HNO_3-form) – experiment number 4

Details as in Fig. 1

Tab. 3. The calculated results

Number of the exper.	k_B	B_0	k_A	k_{AB}	A_0	$(\alpha_t)_{cal}$	*Langmuir* equation constants*)
1	$(k_B)_{CHR}$ 2.5×10^{-5} $\frac{m^3}{kg \cdot s}$	-3.17×10^{-7} $\frac{mol}{m^3 \cdot s}$	$(k_A)_{CHR}$ 5.1×10^{-5} $\frac{m^3}{kg \cdot s}$	$(k_{AB})_{FD}$ 3.91×10^{-4} $\frac{m^3}{kg \cdot s}$	-5.3×10^{-7} $\frac{mol}{m^3 \cdot s}$	see Fig. 1	$a = 1.6 \times 10^{-3}$ $kg \cdot l^{-1}$ $b = 2.45$ $kg \cdot mol^{-1}$
2	$(k_B)_{TF}$ 1.77×10^{-6} s^{-1}	-1.44×10^{-6} $\frac{mol}{m^3 \cdot s}$	$(k_A)_{TF}$ 2.88×10^{-8} s^{-1}	$(k_{AB})_{TF}$ 9.05×10^{-6} s^{-1}	-2.65×10^{-6} $\frac{mol}{m^3 \cdot s}$	see Fig. 2	$a = 5.04 \times 10^{-3}$ $kg \cdot l^{-1}$ $b = 1.53$ $kg \cdot mol^{-1}$

*) The *Langmuir* equation constants were determined separately by means of the method which was published previously [10]. (What apply to the isotope exchange equlibrium constant, the value $K_{AB} = 1.0001$ was used.)

where

$$\alpha_t = \frac{\left(\frac{R_{t=0}}{1+R_{t=0}}\right) \cdot c_{t=0} - \left(\frac{R_t}{1+R_t}\right) \cdot c_t}{\left[\left(\frac{c_{t=0}}{1+R_{t=0}}\right) - \left(\frac{c_t}{1+R_t}\right)\right] \cdot R_t} \tag{22}$$

(The values of σ_{c_t} were determined separately; it was found that $\sigma_{ct} \approx 1\%$ relat.)

The results of the correlation of the kinetic effect by means of the equations (12) and (13), namely for ion-exchange polymers Amberlite IRA-93 and Amberlite IRC-84, are summarized in Tab. 3. Following procedure was used: at first the most suitable combinations of equations for r_B, r_A and r_{AB} were found using numerical methods (with calculator Hewlett-Packard 9830). Models [10, 11] for film diffusion (M1), innert-layer diffusion (M2), reversible chemical first order reaction (M3) and so-called two-film mass transfer model [12] (M4) were used. It was proved that the treated systems can be described in this manner:

a) System Amberlite IRA 93 + 0.01 M UO_2SO_4 + 0.1 M Na_2SO_4

— see Fig. 1 (r_B — M4, r_A — M4, r_{AB} — M4):

$$r_B = -\frac{dc_B}{dt} = \frac{(k_B)_{TF}}{r}(q_B^* - q_B) \tag{23}$$

$$r_A = -\frac{dc_A}{dt} = \frac{(k_A)_{TF}}{r}(q_A^* - q_{A\Sigma}) \tag{24}$$

$$r_{AB} = -\frac{dc_{Ai}}{dt} = \frac{(k_{AB})_{TF}}{r}(q_{Ai}^* - q_{A\Sigma}) \tag{25}$$

b) System Amberlite IRC-84 + 0.01 M UO_2SO_4 — see Fig. 2 (r_B — M3, r_A — M3, r_{AB} — M1):

$$r_B = -\frac{dc_B}{dt} = \frac{(k_B)_{CHR}}{r} \frac{(c_B - c_B^*)}{\left[1 - \frac{q_B}{q_B^*}\right]^{-2/3}} \tag{26}$$

$$r_A = -\frac{dc_A}{dt} = \frac{(k_A)_{CRH}}{r} \frac{(c_{A\Sigma} - c_A^*)}{\left[1 - \frac{q_{A\Sigma}}{q_A^*}\right]^{-2/3}} \tag{27}$$

$$r_{AB} = -\frac{dc_{Ai}}{dt} = \frac{(k_{AB})_{FD}}{r}(c_{A\Sigma} - c_{Ai}^*) \tag{28}$$

It holds according to the material balance:

$$q_B = r((c_B)_{t=0} - c_B) + (q_B)_{t=0} \tag{29}$$

$$q_{A\Sigma} = r((c_{A\Sigma})_{t=0} - c_{A\Sigma}) + (q_{A\Sigma})_{t=0} \tag{30}$$

$$c_t = c_B + c_{A\Sigma} \tag{31}$$

$$c_B = c_t/(1 + R_t) \tag{32}$$

$$c_{A\Sigma} = c_t \cdot R_t/(1 + R_t) \tag{33}$$

The equilibrium quantities, q^* and c^*, were substituted using *Langmuir* equation [10] (in the case of q_A^*, q_B^* and c_A^*, c_B^* values) and the equation of the concentration equilibrium constant of the reaction (9) (in the case of q_{Ai}^* and c_{Ai}^* values):

$$q_B^* = c_B/(a + b \cdot c_B); \quad c_B^* = a \cdot q_B/(1 - b \cdot q_B) \tag{34}$$

$$q_A^* = c_{A\Sigma}/(a + b \cdot c_{A\Sigma}); \quad c_A^* = a \cdot q_{A\Sigma}/(1 - b \cdot q_{A\Sigma}) \tag{35}$$

$$q_{Ai}^* = (K_{AB} \cdot q_B \cdot c_{A\Sigma})/c_B; \quad c_{Ai}^* = (q_{A\Sigma} \cdot c_B)/(K_{AB} \cdot q_B) \tag{36}$$

In equations (26)—(36)

k_{FD}, k_{CHR} and k_{TF} are the mass-transfer coefficients ("rate constants") for models M1, M3 and M4 respectively,

$r = V_a/m$ is phase ratio (V_a — solution colume, m — ion exchanger weight),

a, b are the constants of the *Langmuir* equation,

$q_{A\Sigma}(= c_{AC})$, $q_B(= c_{BC})$ are the concentrations of the isotope A and B in the resin phase (the physical meaning of the other concentration parameters is shown in Fig. 5),

K_{AB} is the equilibrium constant of the isotope exchange reaction (9).

Using the experimental data, the value B_0, the kinetic coefficients $(k_B)_{TF}$ and $(k_B)_{CHR}$ were determined by means of the linear regression of the equations (23) and (26) respectively. For example, the form of the equation regressed was:

$$r_B = (k_B)_{TF}\left(\frac{q_B^* - q_B}{r}\right) + B_0 \tag{37}$$

And the value of the constant A_0, the kinetic coefficients $(k_A)_{TF}$, $(k_{AB})_{TF}$ or $(k_A)_{CHR}$, $(k_{AB})_{FD}$ were calculated by means of the nonlinear regression of the equation (13) in

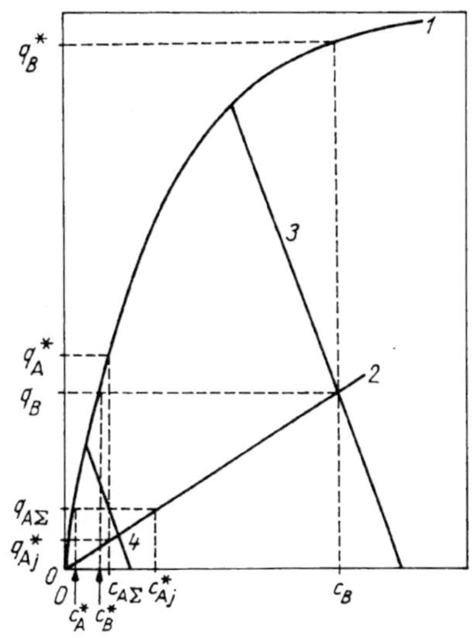

Fig. 5. The equilibrium diagram of the sorption separation process
1 – ion exchange equilibrium line (see eq. (34) and (35)); 2 – isotope exchange equilibrium line (see eq. (36)); 3 – working line of the macrocomponent B (see eq. (29)); working line of the microcomponent A (see eq. (30))

which equations (24) and (25) or (27) and (28) were substituted. For example, the form of the equation regressed was:

$$r_{A\Sigma} = (k_A)_{TF}\left(\frac{q_A^* - q_{A\Sigma}}{r}\right) + (k_{AB})_{TF}\left(\frac{q_{Ai}^* - q_{A\Sigma}}{r}\right) + A_0 \tag{38}$$

The values of r_B and $r_{A\Sigma}$, which were inserted into the equations (37) and (38) respectively, were obtained by the linearization of the sections laying between the experimental points (c_{t_i}, t_i). It means that the value of $(r_B)_{t_i}$ or $(r_{A\Sigma})_{t_i}$ was calculated as an arithmetic mean of the slopes of the neighbouring sections $(t_{i-1} - t_i)$ and $(t_i - t_{i+1})$. The relationships $c_B = f(t)$ and $c_{A\Sigma} = f(t)$ were then obtained by numerical solution of the equations (12) and (13) respectively, by the *Runge-Kutha* method. Consequently, $(\alpha_t)_{cal} = f(t)$ were calculated by means of equation (18) where $c_{BC} = q_B$ and $c_{AC} = q_{A\Sigma}$; the results are summarized in Tab. 3 and shown in Fig. 1 and 2.

5. Discussion

The experimental results (see Fig. 1–4) resemble the former data which were published in the precending paper [8]: the curves $c_t = f(t)$ have an ordinary appearance, without remarkable anomalies. However, the function $\alpha_t = f(t)$ passes an extreme and the peak parameters depend on the ion-exchanger type or liquid extraction agent. Consistently with the theoretical model of the concentration isotope effect, the extreme values of the isotope separation factor are significantly higher than equilibrium values, especially in the case of the ion-exchangers studied (see Fig. 1 and 2) and the liquid extraction TOA (see Fig. 3).

The Fig. 1 and 2 also show the calculated isotope separation factor $(\alpha_t)_{cal}$. The agreement of the experimental values with the calculated ones is relatively good in spite of that (i) kinetic models, which were used for the description of ion-exchange reaction (i.e., for calculation of $r_{A\Sigma}$ and r_B), do not include the influence of the second (exchanged) component (the equations of the models M1–M4 were used for their relative simplicity and fast solutionability by numerical methods), (ii) the systems studied are likely more complicated and the isotope components take part in more than in three reactions type of (1), (2) and (9) (this is indicated by the values of the A_0 and B_0 resulting from nonlinear regression respectively), (iii) the absolute differences between the rates r_B and $r_{A\Sigma}$ are small and the experimental error does influence both the measured (c_t, R_t) and calculated $(k_{TF}, k_{CHR}, k_{FD})$ quantities and in this manner the values of α_t and $(\alpha_t)_{cal}$ as well.

In spite of the above mentioned inaccuracy, it is evident that the concentration isotope effect generally depends on kinetic (including the mixing speed, particle size, etc.) and equilibrium parameters as well. A significant part is ascribed especially to the concentration parameters; their physical meaning for the sorption process in the stirred batch reactor is shown in Fig. 5. For example, the value of concentration gradients $(q_A^* - q_{A\Sigma})$ and $(q_B^* - q_B)$ (see, e.g., equations (23) and (24) respectively) depend not only on the time, but on the shape of the ion exchange isotherm and on the slope of the working line, i.e., on the ratio V_a/m, as well. The system with a nonlinear isotherm is advantageous as the macrocomponent B is more differentiated from the microcomponent A in this case. The equilibrium isotherm for the isotope exchange is represented by a straight line running through the origin, the slope of which is given by coordinates of the point (q_B, c_B); it means that the slope is a function of time. On the basis of the Fig. 5, the influence of the starting concentrations of the isotope components in the solution, of the working line slope and of the shape of the equilibrium isotherm can be predicted. The practical utilization of the concentration isotope effect claims rather slow exchange reactions (r_B, r_A); these are too fast, e.g., in liquid-liquid extraction (see Fig. 3 and 4) and strong acid cation exchangers [8] systems.

The key to the quantitativ optimalization of the concentration isotope effect lies in the knowledge of the kinetic functions corresponding to the equations (16) and (17). It is a problem of a choice or of a construction of the kinetic models for the single processes in the real system, which are usually characterized by a nonlinear equilibrium isotherm, reversible chemical reaction, complexation of isotope components etc. For this reason, the models for film and gel diffusion [13], the so called "ash model" [11] and the combinations [14] of the "ash-model" with the *Nernst-Planck* equation and with the kinetic equations for reversible and irreversible n^{th}-order substitution reaction are studied.

The knowledge of the kinetic function is also necessary for the technical utilization of the concentration isotope effect, especially for the calculation and optimalization of the technological and constructional parameters. However, the solution of chemical-engineering problems and the construction of the plant for this nonequilibrium process are quite complicated.

6. Conclusions

The concentration isotope effect, which was verified on ion-exchange and liquid-liquid extraction systems up to now, is considered as a function of the concentration of the reacting isotope components (A, B); the corresponding reactions yield the compounds (AC, BC) with covalent, ionic or physical bonds. However, this isotope effect may be considered even widely as a function of the number of the isotope particles which are transported or react under influence of the concentration, electrical, pressure and other gradients. Nevertheless the range of conditions, under which the effect can be observed or utilized, is not too broad. Even if the principal condition of unequal concentration (number) of the isotope components (particles) is fulfilled, it is necessary that the rates of single processes are different (as far as possible, the isotope exchange should be the slowest) and not too high.

Acknowledgements

The authors are grateful to Mr. *D. Vopalka* for mass spectrometric analysis and for his help during the numerical treatment of the experimental data. Thanks are also to Mr. *F. Šebesta* and Mr. *J. John* for their help with the investigation of liquid-liquid extraction systems.

List of Symbols

- a, b constants of the *Langmuir* equation, see Eq. (34) and (35),
- c concentration in the aqueous phase,
- c_A hypothetical concentration of the isotope component A which takes part in the reaction (1),
- c_{Ai} hypothetical concentration of the isotope component A which takes part in the reaction (9),
- $c_{A\Sigma}$ measurable concentration of the isotope component A,
- c_{AC} product concentration of the reaction (1),
- c_B measurable concentration of the isotope component B,
- c_{BC} product concentration of the reaction (2),
- c_A^*, c_B^*, c_{Ai}^* equilibrium concentrations as defined by Eq. (34), (35) and (36),
- c_t whole measurable concentration of uranium isotopes ($= c_{A\Sigma} + c_B$) in time t,
- k rate constants or mass transfer coefficients,
- k_A rate constant or mass transfer coefficient of the reaction (1),
- k_B rate constant or mass transfer coefficient of the reaction (2),
- k_{AB} rate constant or mass transfer coefficient of the reaction (9),
- $(k_A)_{TF}, (k_B)_{TF}, (k_{AB})_{TF}$ mass transfer coefficients as defined by two-film model,
- $(k_A)_{CHR}, (k_B)_{CHR}$ mass transfer coefficients as defined by chemical reaction model,
- $(k_{AB})_{FD}$ mass transfer coefficient as defined by film diffusion model,
- m weight of the centrifuged ion exchanger,
- n number of the measurements of R_t value,
- q concentration in the ion exchanger phase,
- $q_{A\Sigma}$ measurable concentration of the isotope component A,
- q_B measurable concentration of the isotope component B,
- q_A^*, q_B^*, q_{Ai}^* equilibrium concentrations as defined by Eq. (34), (35) and (36),
- r phase ratio ($= V_a/m$),
- r_A rate of the reaction (1),
- r_B rate of the reaction (2),
- r_{AB} rate of the reaction (9),
- $r_{A\Sigma}$ overall reaction rate ($= r_A + r_{AB}$),
- t time,
- x_i i-th measurement of the isotope ratio R_t,
- $\bar{x}$ arithmetic mean of the measured R_t values,
- A_0 a constant, see Eq. (37),
- B_0 a constant, see Eq. (38),
- K_A equilibrium constant of the reaction (1),
- K_B equilibrium constant of the reaction (2),
- K_{AB} equilibrium constant of the reaction (9),
- $K_A^{\ddagger}$ equilibrium constant of the reaction (3),
- $K_B^{\ddagger}$ equilibrium constant of the reaction (4),
- $K_{AB}^{\ddagger}$ equilibrium constant of the reaction (6),
- R_t ratio of the isotopes A ($= {}^{235}U$) and B ($= {}^{238}U$) in time t,
- V_a volume of the aqueous phase,
- V_0 volume of the organic phase,
- α_t separation factor in time t, see Eq. (18),
- β_t concentration factor in time t, see Eq. (19),
- $\sigma_{\alpha t}$ standard deviation of α_t value,
- σ_{R_t} standard deviation of R_t value,
- σ_{c_t} standard deviation of c_t value.

Received April 27, 1983

References

[1] *L. Melander*, Izotopnye èffekty v skorostyakh reakcij (1) (Isotope effects on reaction rates), Izdat. MIR, Moscow, 1964 p. 20
[2] *S. S. Roginskij*, Theoretische Grundlagen der Isotopenchemie. Berlin: VEB Deutscher Verlag der Wissenschaften 1962, p. 314
[3] *Vl. Majer* et al. Základy jaderné chemie (Fundamentals of Nuclear Chemistry). Prague: SNTL – Nakladatelství technické literatury 1981, p. 375
[4] *H. Schönert*, Ber. Bunsenges. Phys. Chem. 82 (1978) 726
[5] *H. Schönert*, Ber. Bunsenges. Phys. Chem. 82 (1978) 731
[6] *J. Cabicar, K. Štamberg*, Czechoslovak pat. No 214904 (1978)
[7] *K. Štamberg, J. Cabicar, J. Katzer*, Czechoslovak pat. No 214905 (1978)
[8] *J. Cabicar, K. Štamberg*, Reactive Polymers – Ion exchangers, Sorbents, submitted for publication.
[9] *H. S. Mickley, T. K. Sherwood, Ch. F. Reed*, Applied Mathematics in Chemical Engineering. New York: McGraw-Hill Book Comp. 1957, p. 46
[10] *K. Štamberg, J. Cabicar, L. Havlíček*, J. Chromatogr. 201 (1980) 113
[11] *K. Štamberg, J. Cabicar*, Acta Polytechnica (Prague) 8 (IV, 1) (1980) 107
[12] *C. A. Planck, E. R. Gerhard*, Ind. Eng. Chem., Proc. Des. and Develop. 2 (1963) No 1, 34
[13] *F. Helfferich*, Ion Exchange. New York: McGraw-Hill Book Company, Inc. 1962, p. 250
[14] *F. Helfferich*, J. of Phys. Chem. 69 (1975) 630
[15] *H. O. Holcomb, J. H. Yoe*, Anal. Chem. 32 (1960) 612.
[16] *D. Vopálka, J. Cabicar*, Determination of Isotopic Ratio $^{235}U/^{238}U$ Near the Natural Isotopic Composition, Proc. Inter. Conf.: 9th International Mass Spectrometry Conference, 30 August – 3 September 1982, Vienna, Austria

Isotopenpraxis **20** (1984) 5, S. 180 bis 183

Fractionation of Stable Carbon Isotopes and the Genesis of Some Crude Oils from Egypt

A. I. M. Aly, M. S. Hamza, A. H. Hashad), F. M. Swailem**), S. Abd Elsamie*

(Atomic Energy Establishment, Nuclear Chemistry Department, Cairo, Egypt)

The $\delta^{13}C$ values obtained on 25 crude oil samples representing the main producing oil fields in Egypt indicate a significant difference between the Gulf of Suez Province and the Western Desert Province which is attributed to environmental difference in the source rocks of the two province. Variations within each of the two provinces were compared and related to age, thermal maturity as well as migration processes. The variations in $\delta^{13}C$ values were also releated to variations in GOR and API gravity values.

Die an 25 Rohölproben, die die wichtigsten produzierenden Ölfelder Ägyptens repräsentierten, ermittelten $\delta^{13}C$-Werte weisen auf einen wesentlichen Unterschied zwischen der Region am Golf von Suez und der Westlichen Wüstenregion hin, der auf die unterschiedlichen Bedingungen in der Umgebung der ölführenden Gesteine der beiden Regionen zurückgeführt wird. Die Variationen innerhalb jeder der beiden Regionen wurden verglichen hinsichtlich des Alters, der thermischen Reife und im Zusammenhang mit Migrationsprozessen. Die Variationen in den $\varrho^{13}C$-Werten wurden ebenfalls auf Veränderungen in den GOR- und API-Schwerewerten zurückgeführt.

Keywords

carbon 13; Egyptian Arab Republic; geochemistry; isotope ratio; oils; stable isotopes

Introduction

The variations in the isotopic composition of carbon in crude oils have been used as a guide for unraveling the source rock environmenet of the oils and the type and magnitude of the post genetic changes [1, 2].

Inspite of the huge reserves and production in the middle east countries, very little has been published on the isotopic composition of carbon in these crude oils [3].

This study correlates the stable isotopic ratios $^{13}C/^{12}C$ in some of the oil fields of Egypt in a trial to deduce the genetic linkage between them and the factors that might have influenced these isotopic ratios.

The main oil fields of Egypt are situated in the Gulf of Suez province where 97% of the country's crude oil is produced. In the Western Desert, few small size oil fields have been recently discovered but with limited reserves and production. There are good geological grounds, however, for regarding the Western Desert as an excellent potential primarily as gas/condensate province with oil perhaps providing secondary objective [4].

Summary of Geology

Gulf of Suez Province

Most of the oil fields in this province are structurally controlled. The Gulf of Suez itself is a complicated elongate rift-type graben, which was initiated during the Oligocene time. According to *Abdine* [4], the associated tensional faulting produced a series of pre-Miocene tilted fault blocks within the major graben. Post rifting differential erosion was followed by a transgression in Miocene time over the eroded blocks with the deposition of marine sediments on a variety of older formations ranging in age from the Precambrian to late Eocene. This succession comprises an average of 3000 feet of Paleozoic to early Cretaceous Nubian sandstones capped by late Cretaceous to Eocene carbonates and minor clastics. The overlying Miocene sediments are represented by two major lithologic units, a lower clastic sequence overlain by a series of evaporites. The clastic unit is believed to contain the source rocks for the majority of the oil fields in the Gulf. It also provides some excellent pay horizons.

The source rocks of the bulk of the oil are believed to consist of organic rich shales and marls (the Globigerina Marls) within the Gharandel Group of the Miocene, which attain thousands of feets in thickness at many localities in the Gulf of Suez basin.

Wester Desert Province

The stratigraphic columns in the Western Desert has been divided by *Said* [5] into three main divisions, namely: a lower mainly clastic section which includes the Paleozoic, Jurassic and lower Cretaceous, a middle, mainly calcerous section of Cenomenian — Eocene age and a younger upper clastic division. A number of depocenters have been revealed by well data, the most important of these are the Paleozoic depocentres parallel to the Libyan border, the lower Createaceous Mersa Matruh basin and the E—W trending Upper Createaceous Abu Gharadig basin.

The most prominent structural feature in the Western Desert is the Syrian Arc System, which is related to the late Cretaceous/early Tertiary Alpine Orogony. This system produced a series of ENE—WSW trending folds, the most important of which is the Qattara — Alamein Ridge along which Alamein, Yidma and Razzak oil fields were discovered. The three oil fields produce mainly from the Aptian "Alamein Dolomite" reservoir.

*) Nuclear Materials Corporation, Cairo, Egypt

**) Middle Eastern Regional Radioisotope Centre for the Arab Countries, Cairo, Egypt

Mitteilungen / Information

IAEA: USSR GIFT IN KIND

Dr. Hans Blix, Director General of the IAEA, and the Resident Representative of the USSR to the International Organizations in Vienna, Ambassador Oleg N. Khlestov, signed on 7 September 1983 an agreement on the delivery by the Soviet Union of reactor-grade heavy water to be used in the development of safeguards procedures in heavy water production plants. Under the USSR programme in support of IAEA safeguards the Government of the Soviet Union is to deliver 500 kg of heavy water, worth about 110000 Doll., as a gift in kind to the IAEA. (IAEA-Bulletin 25 (1983) 4, p. 47)

IAEA: UNTERIRDISCHE ENDLAGERUNG RADIOAKTIVER ABFAELLE

Die unterirdische Endlagerung erregt derzeit starkes Interesse als realistische Moeglichkeit fuer radioaktive Abfaelle in fester Form. Seit drei Jahrzehnten koennen Abfaelle geringer und mittlerer Aktivitaet in geringer Tiefe, in aufgelassenen Bergwerken oder eigens geschaffenen Hohlraeumen im Gestein endgelagert werden. Dies geschieht in der BRD, der DDR, Frankreich, Grossbritannien, Indien, der Sowjetunion, der Tschechoslowakei, Ungarn, den Vereinigten Staaten und anderen Laendern. Die Endlagerung hochaktiver Abfaelle, die Alphastrahler enthalten, erfordert dagegen eine aeusserst langfristige Isolierung des Materials gegenueber der Biosphaere. Bei der Untersuchung der in Frage kommenden Lagerstaetten muessen die geologischen und hydrologischen Bedingungen genau beschrieben werden. Bei der Begutachtung eines Standortes auf seine Eignung hin muessen darueber hinaus Experten aus vielen anderen Disziplinen mitwirken. Um saemtliche Aspekte der Untersuchung und Begutachtung von Endlagerstaetten in verschiedenen Entwicklungs- und Industrielaendern zu eroertern, veranstaltete die IAEA vom 6. bis 10. Februar 1984 in Sofia, Bulgarien, ein internationales Seminar ueber Verfahren zur Untersuchung und Begutachtung von Standorten fuer die unterirdische Endlagerung radioaktiver Abfaelle. (IAEA-Pressekomm. 84/4)

IAEA: NUKLEARE VERFAHREN ZUR VERBESSERUNG DER WASSERBUEFFELZUCHT IN ASIEN

Gemeinsam mit der Ernaehrungs- und Landwirtschaftsorganisation (FAO) veranstaltete die IAEA vom 30.1. bis 3.2.1984 eine Tagung von Institutsleitern, die an einem koordinierten Forschungsprogramm zur Verbesserung der Wasserbueffelzucht in Asien mitarbeiten. Der Wasserbueffel ist ein vielfach verwendbares Tier; in asiatischen Laendern liefert er nicht nur nahezu 40% der Milch- und den groessten Teil der Fleischproduktion, sondern er dient ausserdem als Antriebskraft fuer den Landbau. Wichtig ist er auch als Existenzgrundlage des kleinen Bauern, da er gewoehnlich dessen groesstes Kapital darstellt und als eine Art lebende Sparkasse dient. Trotzdem wurden noch wenig Forschungen angestellt, um die Produktion auf dem Bauernhof zu steigern. Deshalb hat die Gemeinsame Abteilung der FAO und der IAEA fuer Verwendung der Atomenergie (Isotope und Strahlen) zur Weiterentwicklung von Ernaehrungswesen und Landwirtschaft 1979 Untersuchungen in die Wege geleitet, um festzustellen, welche Beeintraechtigungen bei der Haltung von Bueffeln bestehen und wie diese auf einfache und billige Weise durch Veraenderung der Methoden zu verringern waeren. Wissenschaftler aus Australien, Bangladesch, Indien, Indonesien, Malaysia, den Philippinen, Schweden, Sri Lanka und Thailand sind an den Arbeiten beteiligt. Mit Hilfe von Radioimmunoassay-Methoden wurden die Fortpflanzungshormone gemessen, wobei sich herausstellte, dass die Kaelberproduktion und folglich auch die Milchproduktion der Bueffel vor allem durch das Saeugen der Kaelber reduziert wird. Die im Rahmen des Programms durchgefuehrten Forschungsarbeiten haben gezeigt, wie dieses Hindernis zu ueberwinden waere. Durch Anwendung der entsprechenden Methoden koennte der Bauer nicht nur die Kaelberproduktion jeder Kuh von 7 auf 10 erhoehen, sondern auch waehrend eines Zeitraums von 15 Jahren Tausende Liter mehr Milch produzieren. Bei den im Rahmen des Programms durchgefuehrten Forschungen ueber die Ernaehrung des Bueffels wurde vor allem getrachtet, Methoden zu entwickeln, um aus Reisstroh durch Zusatz von Harnstoff als Ammoniakquelle Futtermittel fuer Mastvieh und Milchkuehe herzustellen, die auf kleinen Bauernhoefen gehalten werden. Auch hier sind die Ergebnisse sehr ermutigend und es hat sich erwiesen, dass die Fuetterung mit diesem veredelten Reisstroh und anderen an Ort und Stelle vorhandenen billigen unkonventionellen Futtermitteln (wie getrockneten Abfaellen von Tee und Leguminosen) eine Steigerung des Milchertrages von 4 auf 6 Liter am Tag ermoeglicht. Ein weiteres Problem besteht darin, dass sehr viele Bueffelkaelber in den ersten Lebensmonaten durch Parasitenbefall eingehen. (IAEA-Pressekommunique 84/3)

Kurznachrichten / Newlets

Urananreicherung: ARGENTINIEN UEBERRASCHT MIT EIGENER URANANREICHERUNGSANLAGE

Weltweit grosses Erstaunen loeste der Praes. der argentinischen Comision Nacional de Energia Atomica (CNEA), Carlos Castro Madero, am 18. 11. 1983 mit der Mitteilung vor der Presse aus, Argentinien habe eine Urananreicherungsanlage gebaut. Die Anlage, von der bisher nichts bekannt war, arbeitet auf der Basis der Gasdiffusion und steht bei Pilcaniyeu in der Provinz Rio Negro, rund 1000 km suedlich von Buenos Aires. Laut Castro Madero handelt es sich um eine kleine kommerzielle Anlage, in der auf bis zu 20% U-235 angereichertes Uran produziert werden soll. Argentinien koennte mit der bis 1985 vorgesehenen Kapazitaet seine eigenen Forschungs- und Versuchsreaktoren, aber auch Forschungsreaktoren anderer suedamerikanischer Laender versorgen. Darueber hinaus erwaehnte Castro Madero die Moeglichkeit, die bisher fuer den Betrieb mit Natururan vorgesehenen Kernkraftwerks-Schwerwasserreaktoren Atucha-1 und -2 sowie Embalse mit auf 1% U-235 leicht angereichertem Uran zu betreiben. Damit koennte der Abbrand des Brennstoffs in diesen Leistungsreaktoren verdoppelt werden, was die Brennstoffkosten um rund 30% und damit die Atomstromerzeugungskosten um zirka 10% reduzieren wuerde. Wie Castro Madero ausfuehrte, fiel der Entscheid zum Bau einer eigenen argentinischen Urananreicherungsanlage 1978 im Anschluss an die Inkraftsetzung der Nuclear Nonproliferation Act in den USA. Argentinien befuerchtete, ein Ausfall der Lieferung von angereichertem Uran aus den USA wuerde die Versorgung seiner Forschungs- und Versuchsreaktoren sowie der von Argentinien an Nachbarlaender gelieferten Reaktoren gefaehrden. Unter anderem waere in einem solchen Fall die einheimische Produktion von Radioisotopen fuer Wissenschaft, Technik und Medizin in Frage gestellt gewesen. (SVA-Bulletin (1983) 21, S.9)

Quantitative Bildauswertung: DENSITRON

Fast ueberall in Forschung und Technik fallen Bilder als Untersuchungsergebnisse an. Solche Abbildungen, wie Roentgenaufnahmen, Fotografien, Astroaufnahmen, Autoradiogramme, Satellitenbilder und andere mehr bestehen im allgemeinen aus zweidimensionalen Schwaerzungs- oder Transparenzverteilungen, die unter speziellen Aspekten ausgewertet werden muessen. Wegen des hohen Informationsgehalts dieser Bilder besteht eines der wesentlichsten Probleme im Bewaeltigen der bei der Auswertung anfallenden Datenmengen, ihrer sinnvollen Verdichtung, der gezielten Entnahme interessierender Informationen und dem sinnfaelligen Darstellen der Ergebnisse. Fuer diese Zwecke wurde im Zentralinstitut fuer Isotopen- und Strahlenforschung ein spezielles elektronisches Bildauswertegeraet, das DENSITRON, konzipiert und entwickelt. Die Bildabtastung erfolgt beim DENSITRON mit Fernsehkameras in Durch- oder Auflichtgeometrie. Dabei entstehen helligkeitsproportionale Videosignale und ueber eine Schaltmatrix erfolgt die Bildwiedergabe auf einem Farbfernsehmonitor. Beim DENSITRON sind insgesamt sieben Farbklassen einstellbar. Die unter dem Gesichtspunkt hoher Kontraste gewaehlte Farbreihenfolge gelb, violett, weiss, gruen, rot, blau und schwarz verlaeuft mit steigender Schwaerzung. (K. Freyer, H.-Ch. Treutler, W. Birkholz - Spektrum 15 (1984) 1)

Safeguards:

NUCLEAR SAFEGUARDS - A NEW PROFESSION

"Virtually a new profession has sprung up dedicated to applying vigorous scientific techniques to the political framework of international treaties." So Mr. L. Thorne, of the IAEA, told the British Nuclear Energy Society recently. The treaties in question are these relating to international control of spread nuclear weapons. The need for control, as he pointed out, had its advocates even before the first experimental detonation. Some of the early ideas for control were idealistic rather then realistic.

As Thorne points out: "One can only make a stagement within the limits of measurement error. One must therefore define a goal quantity for the detection of material unaccounted for (MUF), but one must also define a confidence level within which the results lie." The Agency aims to detect a quantity of material based on the fast critical mass of a reflected metal sphere ie. 8 kg of Pu or 25 kg of U-235. These numbers "are considerably modified to take account of the form of material considered and the ease with which it can be converted to metal. Low enriched powder, for example, has a detection goal quantity of 75 kg of U-235."

In setting these levels the Agency aims for a confidence level of 95 per cent. The frequency of verification depends on the potential for misuse - three weeks for Pu, one year for irradiated fuel. This is normally done by nondestructive assay in accordance with a statistical sampling plan.

A variety of equipment was described by Thorne, including new computerised, portable devices which prompt the user with instructions. These can manage an accuracy of 1-2 per cent in the enrichment measurement for some materials. Plutonium bearing materials is more difficult since it produces a complex spectrum. A family of instruments known as the High Level Neutron Coincidence Counters have been developed to cope; the spontaneous fission activity is determined by detecting co-incident neutrons. Whatever device is used it is clear that, as Thorne put it, where safeguards are concerned" The technical challenge, to say nothing of the political, is daunting. It is not sufficient to develop a technique, it must be a technique that is transparent." But, as he also pointed out "Thirty years ago the world seemed on the edge of nuclear disaster. Twenty years ago it was generally accepted that by the early 1980s there would be fifteen or so nuclear weapons powers. That neither of these calamities has so far come about offers some hope for the further development of nuclear safeguards." (nach L. Price, Atom (1983) 326, p. 292)

Geologie:

12 000-METER-MARKE ERREICHT

Die supertiefe Bohrung der Halbinsel Kola bietet die Moeglichkeit, Prozesse in den Tiefen der Erdkruste unmittelbar zu beobachten. Was stellte sich heraus? Im Inneren des Baltischen Schilds kommt es zu einer staendigen Verschiebung der Wasserloesungen, sie sind sehr hoch mineralisiert. Daraus erfolgt der Schluss, dass sich aktiv Erzminerale bilden. Folglich sind es keine "toten Horizonte", wie frueher angenommen wurde. Die 12-Kilometer-Marke wurde am 27.12.1983 erreicht. Noch nie sind Menschen so tief ins Erdinnere vorgestossen. Der Leiter der geologischen Erkundungsexpedition Kola des Ministeriums fuer Geologie der RSFSR, D. Guterman, erklaerte dazu: "Diese hervorragende Leistung ist nicht hoch genug zu bewerten ... Die Ergebnisse haben nach Ansicht der Wissenschaftler zu einer Wende in den Vorstellungen vom Bau der Kontinentalkruste gefuehrt. Ausserdem beweisen sie, wie die technischen Moeglichkeiten fuer den Vorstoss in das Erdinnere bereichert und vergroessert worden sind."

Das Endziel, die 15-Kilometer-Marke, soll Ende des kommenden Planjahrfuenfts erreicht werden. An dem Bohrloch soll dann ein Laboratorium entstehen. Hier werden Geraete und Methoden fuer die Niederbringung supertiefer Bohrungen erprobt und vervollkommnet sowie Prozesse untersucht, die sich in unterschiedlicher Tiefe in der Erdkruste abspielen. (Prawda v. 2.1.1984 und Presse der Sowjetunion (1984)2)

Veranstaltungskalender – Tagungen – Lehrgänge / Calendar – Meetings – Courses

TAGUNGEN 1984 IN DER DDR

4. Tagung "Festkoerperanalytik" Chemische Gesellschaft der DDR (25.-29. Juni 1984, Karl-Marx-Stadt, German Dem. Rep.)

12. Internationale Konferenz ueber Hochenergiephysik (Inst. fuer Hochenergiephysik, 18.-25. Juli, Leipzig, German Dem. Rep.)

31. Jahrestag der GGW "Geochronologie - Alter und Altersbestimmung geologischer Erscheinungen und Vorgaenge als Grundlage der Suche und Erkundung von Rohstoffen" (Gesellschaft fuer Geologische Wissenschaften der DDR, 8.-13. September, Freiberg, German Dem. Rep.)

3. Arbeitstagung "Wechselwirkung ionisierender Strahlung" (Zentralinstitut fuer Isotopen- und Strahlenforschung, 24.-28. September, Leipzig, German Dem. Rep.)

Hauptjahrestagung 1984 (Chemische Gesellschaft der DDR, 16.-18. Oktober, Dresden, German Dem. Rep.)

VII. Internationaler Kongress fuer Industrielles Bauen "IKIB 84" (TH Leipzig, 25.-29. Sept. 1984, Leipzig, German Dem. Rep.)
Auf diesem Kongress wird auch ein Seminar ueber zerstoerungsfreie Methoden gehalten werden, auf dem zum groessten Teil ueber radioaktive Methoden und ihre Anwendung im Bauwesen berichtet wird. Das Schwergewicht soll nach Absicht der Veranstalter erstmals in diesem Zusammenhang auf der Anwendung offener Radionuklide liegen.

"Radionuklidtechnik in der Volkswirtschaft der DDR" (ZAG Isotopentechnik beim BV Leipzig der KDT, 29. und 30. Nov., Leipzig, German Dem. Rep.)

Auf dieser Konferenz, die dem Einsatz von Radionukliden als Rationalisierungsmittel in der Volkswirtschaft zur Sicherung des erforderlichen hohen oekonomischen Leistungsanstiegs der 80er Jahre gewidmet ist, werden vorwiegend die folgenden Problemkreise diskutiert:

- Neue Trends in der Anwendung der Radionuklidtechnik,
- Messtechnische Hard- und Software fuer die Anwendung,
- Bereitstellung von Radionukliden und Strahlenquellen,
- Einsatz von Radionukliden in der Energiewirtschaft, Rohstoffgewinnung, Metallurgie und im Umweltschutz.

Auskuenfte: Dr. J. Redlich, Zentralinstitut fuer Isotopen- und Strahlenforschung der AdW der DDR, 7050 Leipzig, Permoserstr. 15.

Ausgewählte Beiträge / Recently published papers

TETRAHEDRON 39(1983)21

An NMR investigation of isotope exchange involving multiply labelled intermediates - D.L. Foxall et al.

Tritium NMR in investigations of branched - chain amino acid metabolism. The synthesis of chiral - methyl valine - D.H.G. Crout et al.

Biosynthesis of riboflavin, C-13 NMR techniques for the analysis of multiply C-13 labeled riboflavins - P.J. Keller et al.

Oxygen chiral phosphodiesters. 8. Stereochemical course of the base-catalyzed hydrolysis of cyclic 2'- deoxyadenosine, 3',5'-[O-17,O-18] monophosphate - S. Mehdi et al.

C-13 and H-2 labelling studies on the biosynthesis of scytalone in Phialaphora lagerbergii - E. Bardskiri et al.

Biosynthetic studies with C-13. The antifungal antibiotic ilicicolin H - M. Tanabe et al.

Stable isotope studies of anthraquinone intermediates in the aflatoxin pathway

Biosynthesis of citrinin in Aspergillus terreus. Incorporation studies with [2-C-13, 2-D_3], [1-C-13,$(O-18)_2$] and [1-C-13,O-17] - acetale - Ushio Sankawa et al.

ANNALS OF NUTRITION AND METABOLISM 27(1983)4

Effects of in vivo and in vitro alcohol administration on insulin binding and glycogenesis in isolated rat hepatocytes (Using [C-14] Glucose, [C-14] Valine, and [I-125]Iodoinsulin) - R.M. Rifkin et al.

Acute effects of ethanol and its metabolites on plasma lipids and lipoprotein lipase activity (Using [H-3] Oleic acid) - P. Hansson et al.

ANNALS OF NUTRITION AND METABOLISM 27(1983)5

Autoradiographic studies with albumin-bound 1-C-14-linoleic acid in normal and essential fatty acid-deficient rats - W. Becker et al.

Effects of metabolic acidosis on zinc and calcium metabolism in rats (Using Zn-65) - M. Jacob et al.

METABOLISM CLINICAL AND EXPERIMENTAL 32(1983)7

A model for determination of total body protein synthesis based upon compartmental analysis of the plasma [N-15] glycine decay curve - I. Nissim et al.

Oleate metabolism in isolated hepatocytes from lean and obese zucker rats. Influence of a high fat diet and in vitro response to glucagon (Using [1-C-14] Oleic acid) - M.I. Malewiak et al.

Lipogenesis in primary cultures of adipoblasts derived from genetically obese zucker rats (Using [H-3] Oleate, [2-C-14] Malonyl-CoA, and [H-3] H_2O) - F. Bourgeois et al.

The effects of cyclopropane carboxylic acids on hepatic pyruvate metabolism (Using [1-C-14] Pyruvate, [1-C-14] Valine, [a-C-14] Leucine, [1-C-14] Oleate, [1-C-14] Octanoate, α- Keto - [1-C-14] Isocaproate, and α-Keto-[1-C-14] Isovalerate) - D.B. Buxton et al.

Inverse relationship between ouabain sites on human erythrocytes and body mass index in normal healthy subjects (Using [H-3] Ouabain) - K. Narayanareddy et al.

ATOMWIRTSCHAFT/ATOMTECHNIK 29(1984)2

Zwischenlagerung und Wiederaufarbeitung bestrahlter Brennelemente - G.H. Scheuten

Zur Sicherung kerntechnischer Anlagen gegen Anschlaege und Sabotageakte - H.-P. Bochmann

25 Jahre internationale Zusammenarbeit im Rahmen der NEA - K.B. Stadie

Brennstoffkosten eines LWR bei Spaltstoffrueckfuehrung -J. Clauss

Zuverlaessigkeit der Eigenbedarfsversorgung von Kernkraftwerken - H. Spindler

Das neue Atomenergiegesetz der DDR - N. Pelzer

First Experiences with Cleanup Operations at Three Mile Island - Th.F. Demmitt et al.

Leichtwasserreaktoren: Hohe Sicherheitsreserven erneut nachgewiesen (Bericht ueber das 10. PNS-Jahreskolloquium in Karlsruhe)

IAEA-Bulletin 25(1983)4

The Radioactive Waste Management Conference - S. Fareeduddin et al.

Safeguards verification - its credibility and the diversion hypothesis - H. Gruemm

The future of risk assessment in nuclear safety - R. Niehaus

The safety activities of the ICAO and the IAEA - L.F. Franzen et.al.

Calibration prodecures in Secondary Standard Dosimetry Laboratories - H. Eisenlohr

ATOMWIRTSCHAFT/ATOMTECHNIK 29(1984)1

Wird die Kernenergie unwirtschaftlich?

Das Hexapartite Safeguards-Projekt - R. Gerstler u.a.

Bleibt die Kernenergie wirtschaftlich?

Die Stagnation auf dem amerikanischen Kernkraftwerksmarkt - H. Kraemer

ATOM (1984)327

Accident source terms - cause for less concern - S. Rippon

Energy Conservation Demonstration Projects Schema - M.W. Currie

Elektrochemistry and radioactive waste - A.D. Turner et al.

REPRINTS from ATOM

From time to time main articles in ATOM are reprinted as separate booklets. Recent reprints from ATOM (1983) include:

Studies of the effects of missile impacts on structures - P. Barr

New technologies in a changing energy situation - J. Hill

Winfrith - enhanced oil recovery - W.N. Fox

Consequences of release of activity during irradiated fuel transport - R.H. Clarke and K.B. Shaw

(For copies of these reprints please write to Room 119, UK Atomic Energy Authority, 11 Charles II Street, London SW1Y 4QP).

RADIOCHIMICA ACTA 33(1983)2/3

Chemical Forms of Tritium Produced by Thermal Neutron Irradiation of LiF - J. Dalmasso et al.

Rapid Radiochemical Separation of Zirconium-95 and Niobium-95 - D.M. Downey et al.

Rapid Continous Separation Procedures for Arsenic and Ruthenium from Complex Reaction Product Mixtures - G. Skarnemark et al.

Free Energy, Enthalpy and Entropy of Pu-IV-Sulfate Complexes - K.L. Nash and J.M. Cleveland

An Improved Technique to Minimize Cation Adsorption in Neutral Solutions - M.S. Caceci et al.

Inorganic Astatine Chemistry: Formation of Complexes of Astatine - G.M.W. Visser et al.

Synergistic Effect of Uranyl Nitrate on the Extraction of Pertechnetic and Perrhenic Acids by TBP Solutions from Nitric Acid - T.N. Jassim et al.

On the Extraction Behavior of Technetium with Respect to the Purex Process - B. Kanellakopulos et al.

RADIOCHEM. RADIOANAL. LETTERS 57(1983)1-3

Reactions of thermal F-18 atoms with gaseous C_6H_6 - M. van der Ley et al.

Determination of carbon in coal by instrumental photon activation analyis - W.F. Davidson et al.

Nondestructive analysis of anicent Roman artifacts using neutron capture gamma rays - M.D. Glascock et al.

Determination of the surface area of zinc oxide by isotope exchange and other methods - G.K. Murthy et al.

Radiochemical neutron activation analysis of gold in geochemical samples - R. Zilliacus

METEORITICS 18(1983)3

Sulphur isotope ratios in the Canon Diablo metallic spheroids - C.E. McEwing et al.

Solar abundances of the elements - O.K. Manuel

PRECAMBRIAN RES. (1983) Nov.

Widespread O-18 depletion in some Precambrian granulites of Australia - A.F. Wilson et al.

PRECAMBRIAN RES. (1983) Oct.

Oxygen - isotope geochemistry of Archean granitoid gneisses and related rocks in the English River Subprovince, northwestern Ontario - F.J. Longstaffe et al.

CANAD. J. EARTH SCIENCES 20(1983)10

The isotopic composition of western Canadian barites and the possible derivation of oceanic sulphate δ-S-34 & δ-O-18 age curves - M.P. Cecile et al.

Isotopic composition of lead from a paleoisland arc: Shasta, Calif. - W.F. Slawson

Rb-Sr dating of paleozoic (?), mesozoic, and cenozoic intrusive rocks, Okanagan Lake region, southern British Columbia, Canada - G.A. Medford et al.

ECONOMIC GEOLOGY 78(1983)7

Sr-87/Sr-86 ratio measurements on sulfides, carbonates, and fluid inclusions from Pine Point, Northwest Territories, Canada - an Sr-87/Sr-86 ratio increase accompanying the mineralization process - G.A. Medford et al.

Lead isotope studies bearing on the genesis of copper orebodies al Mount Isa, Queensland - B.L. Gulson et al.

OKEANOLOGIJA 23(1983)5 (in Russian)

On isotopic somposition of C of bone phosphate lipids from bottom sediments - G.N. Baturin et al.

Radiocarbon dating of bottom sediments from the Baltic Sea - V.M. Kuptsov

ISOTOPE GEOSCIENCE 1(1983)4

The zeta age calibration of fission - track dating - A.J. Hurford et al.

Some observations on the interpretation of Ar-40/Ar-39 age spectra - T.M. Harrison

Exchange of O isotopes between water and organic material - K.W. Wedeking et al.

GEOCHIM. COSMOCHIM. ACTA 47(1983)12

Mixing rates in Shagawa Lake, Minnesota, sediments as determined from Ru-106 profiles - J. van Sickle et al.

He -3/He-4 ratio, noble gas abundance and K-Ar dating of diamonds - An attempt to search for the records of early terrestrial history - M. Ozima et al.

Bio geochemical implications of the isotopic equilibrium fractionation factor between O atoms of acetone and water - L.D.S.L. Reilley Sternberg et al.

O-18 enrichment in the water of a clathrate hydrate - D.W. Dawidson et al.

Tabl. 1. Geological and Chemical data of the sampled Egyptian Oil Fields

Field	Production zone	Age	API	GOR SCF/BBL
Province: Gulf von Suez				
July	L. Rudeis	L. Miocene	35	745
	Nubia A	L. Senonian		301
Balyeim	Baleim fm.	Miocene	33	400
Gharib	Baleim/Kareem	Miocene	32	429
GS-382	Nubia "C"	Paleozoic	34	1054
October GS-195	Nubia	Cretaceous	30	319
Shob Ali	Nubia	Cretaceous	30	581
Ramadan	Nubia "C"	Paleozoic	30	613
El Morgan	Baleim/Kareem	Miocene	31	496
Om El Yosr	L. Rudeis Sd	Miocene	34	640
Province: Western Desert				
Abu Gharadik	Abu Rawash-C	L. Cretaceous		
Umbarka	Aptian S. S.	Cretaceous	32	780
Alamein	Alamein Dolomite	Cretaceous	34	290
Yedma	Alamein Dolomite	Cretaceous	34	309
Razzak	Alamein Dolomite	Cretaceous	34	241

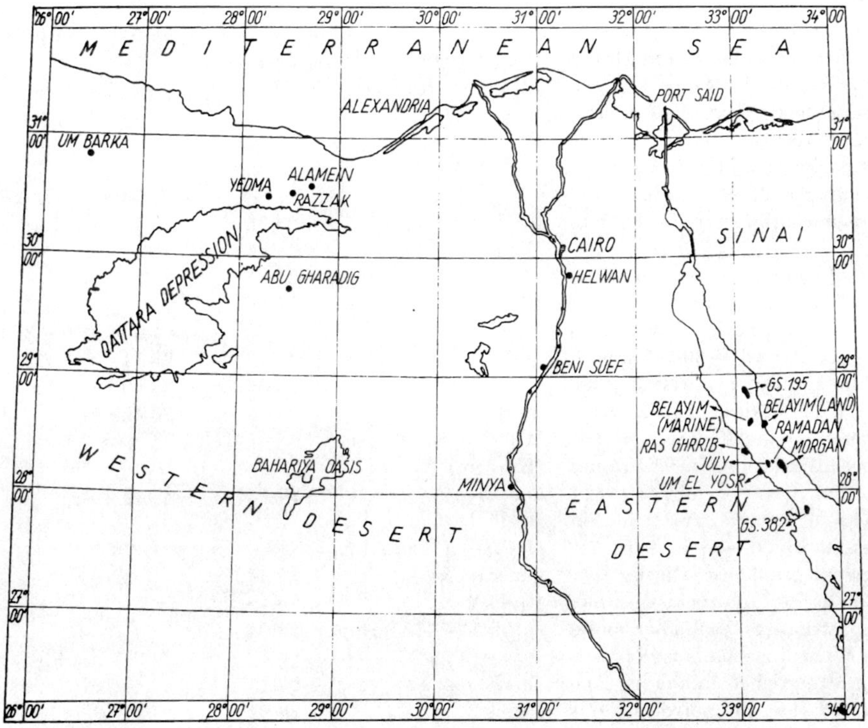

Fig. 1. Location map of sampled crude oil fields from Gulf of Suez and Western Desert Provinces

Sampling

Twenty five samples were collected from 14 oil fields in the Gulf of Suez and Western Desert Provinces. Tab. 1 gives the main geological and chemical features of these fields and samples which may pertain to the interpretation of the isotopic data. The locations of the sampled crude oil fields are shown in Fig. 1.

Experimental

The petroleum oil samples were combusted by purified oxygen gas using CuO as a catalyst at 800 °C in a modified *Craig*'s apparatus [6, 7]. To ensure complete combustion of the sample to CO_2 and water, oxygen was circulated several times using a *Toepler* pump. The resulting CO_2 was frozen by liquid nitrogen in cooling traps. CO_2 was purified by successive distillation under vacuum during which water vapour was captured in cooling traps at −50 °C. The CO_2 sample was collected in a breakseal glass ampoule under liquid nitrogen temperature.

The isotopic analysis was made using a VG-Micromass 602 D mass spectrometer equiped with a double collector and a ratio integrator. The mass spectrometric measurements were done against tank CO_2 as laboratory standard and the results are expressed as per mil deviation of the sample from PDB standard (Cretaceous beleminite from the Peedee formation of South Carolina) according to the following equation:

$$\delta^{13}C = \frac{(^{13}C/^{12}C)_{sample} - (^{13}C/^{12}C)_{standard}}{(^{13}C/^{12}C)_{standard}} \times 1000$$

The $\delta^{13}C$ values were corrected for the contribution of ^{17}O to mass 45 by a separate measurement of the ratio 46/(44 + 45) and using *Craig*'s method for correction [8].

The standard deviation of $\delta^{13}C$ values of the mass spectrometric measurement alone was ±0·05‰ and of the complete sequence of processing and analytical operation was found to be better than ±0·30‰.

Results and Discussion

The measured $\delta^{13}C$ values of crude oils from the Gulf of Suez and Western Desert Provinces are listed in Tab. 2 and 3 respectively. The standard deviations are also given.

On the basis of the measured $\delta^{13}C$ values, which range from −24·39 to −29·51‰, it can be concluded that the petroleum oils from both Gulf of Suez and Western Desert Provinces are of marine origin. Generally, the carbon isotope ratios of petroleum supposedly derived from organic matter living in marine environments are higher than those of petroleums related to nonmarine origin materials [9]. Petroleums of marine origin ranges in $\delta^{13}C$ value from −21 to −30‰ and of nonmarine origin from −30·5 to −34·5‰ [3].

The $\delta^{13}C$ values in the Gulf of Suez province vary between −27·74 and −29·51‰ with an average value of −28·88‰, whereas the Western Desert oil fields have $\delta^{13}C$ values ranging between −24·39 and −26·70‰ with an average of −25·58‰, which indicates a relative depletion in ^{13}C in crude oils of the Gulf of Suez. This depletion could be attributed to environmental differences of the source rocks of the two provinces. Variations in $\delta^{13}C$ values within the crude oils of the Gulf of Suez province are most probably related to difference in isotopic fractionation caused by maturation processes which are in turn influenced by time and geothermal gradients. During maturation of petroleum oil, the lighter hydrocarbons like methane is formed by decomposition of the higher molecular weights compounds. The formed methane is depleted in the ^{13}C leaving the residual oil enriched in this isotope [9]. Therefore it is to be expected that the petroleum oils associated with older reservoir rocks like Paleozoic and Cretaceous rocks are relatively enriched in ^{13}C content compared to oils in much younger formations of the Miocene rocks. This trend is observed among the crude oils of the Gulf of Suez Province where the older fields of Paleozoic and Cretaceous ages are on the average more enriched in ^{13}C compared to other oil fields of Miocene age.

It is also noted that the sample with the highest $\delta^{13}C$ value in the Gulf of Suez (GS-382) has the highest GOR (Gas/Oil ratio) and also a high API gravity value, which indicate more maturity and confirm the previous notations on the dependence of $\delta^{13}C$ values on the API gravity and GOR values which in turn depends on the difference in the time − temperature history i.e. changes resulting from thermal maturation [10].

Tab. 2. $\delta^{13}C$ values of crude petroleum oils in the Gulf of Suez Province

Field	$\delta^{13}C$-PDB	Average	Standard deviation
July J 1 E	−28·94		
(lower Rudis)	−29·16		
	−29·55		
	−29·63		
		−29·32	±0·28
Balyeim	−28·14		
(offshore)	−28·47		
	−28·77		
	−28·14		
		−28·38	±0·26
Balyeim	−29·30		
	−29·71		
		−29·51	±0·21
Gharib A Series	−29·44		
Field 102	−28·91		
(1590 − 1530 ft.)		−29·18	±0·27
Gharib C Series	−29·91		
Field 97	−29·22		
(1730 − 1616 ft.)		−29·57	±0·34
Gharib D Series	−29·48		
(2354 ft.)	−28·90		
		−29·19	±0·29
Gharib field 200	−28·38		
(1940 − 1900 ft.)	−28·69		
		−28·54	±0·15
Gharib field 121	−29·43		
(2145 − 1961 ft.)	−29·11		
		−29·27	±0·16
GS 382	−27·54		
Well 1 B	−27·93		
		−27·74	±0·20
GS 195	−28·35	−28·35	
Well A − 2B			
Shob − Ali	−27·97		
Well B − 6	−28·59		
	−27·78		
		−28·11	±0·35
Ramadan	−28·66	−28·66	
Morgan	−28·46	−28·46	
Well No. 64			
(Kareem)			
Om Elyosr	−29·43	−29·43	
Rudis 1			
(1122 − 1108 m)			
Om Elyosr	−29·38		
Rudis 2	−29·42		
(1165·5 − 1135·5 m)	−29·01		
		−29·27	±0·18
Om Elyosr 12	−29·15		
Rudis 3	−28·97		
(1219 − 1175 m)	−28·77		
	−28·61		
		−28·88	±0·20
Om Elyosr 31	−29·08		
Miocene	−29·19		
(1270 − 1230 m)		−29·14	±0·05

Tab. 3. ^{13}C values of crude petroleum oils in the Egyptian Western Desert province

Field	^{13}C-PDB	Average	Standard deviation
Abu Gharadik	−26.08		
Well No. 6, 9	−25·96		
		−26·02	±0·06
Umbarka 1 X	−24·37		
	−24·51		
	−24·28		
		−24·39	±0·10
Umbarka 7	−25·10	−25·10	
Umbarka 8	−25·31		
	−25·51		
	−25·44		
		−25·42	±0·08
Alamein 1	−25·33	−25·33	
Alamein 7	−25·54		
	−25·49		
		−25·52	±0·03
Yedma 9	−26·38		
	−25·89		
		−26·14	±0·25
Razzak	−26·61		
Well No. 2	−26·79		
		−26·70	±0·09

Variations in $\delta^{13}C$ values within the Western Desert Province are generally low, which indicates a simple geological history compared to that of the Gulf of Suez Province. Again the influence of thermal maturing on the $\delta^{13}C$ values and the GOR values from Umbarka oil field where higher GOR value is correlated with slight enrichment in ^{13}C.

A feature which is worth of further consideration is the generally low GOR values among the crude oils of the Western Desert inspite of the still high API gravity values. This may point to an extensive migration process which is usually accompanied by separation of volatile fractions leading in the same time to isotopic fractionation and enrichment of ^{13}C in the oil fractions. This is in agreement with recent discoveries in the Western Desert which is regarded now as gas/condensate province rather than oil producing province.

Acknowledgement

The authors are greatly indebted to Dr. *G. Hantar*, Exploration Manager, Egyptian Petroleum Corporation, Cairo, for kindly providing the crude oil samples analysed in this work.

Received April 27, 1983
Accepted in revised form September 28, 1983

References

[1] *W. J. Stahl*, Chem. Geol. **20** (1977) 121
[2] *P. Hahn-Weinheimer, A. A. Hirner*, Organic Geochem. **2** (1980) 45
[3] *E. M. Elshazly, A. H. Hashad, M. W. El Reedy*, Applications of Carbon Isotopic Data to the oil genesis of Main Egyptian Petroleum Provinces, Proc. 9th Petroleum Congress, Dubai, Paper No. 50 (B-2) (1975) 10 pp.
[4] *A. S. Abdine*, El-Petrol **19** (1982) No. 4, 10
[5] *R. Said*, The Geology of Egypt. Amsterdam – New York: Elsevier Publ. Co. 1962
[6] *H. Craig*, Geochim. Cosmochim. Acta **3** (1953) 53
[7] *A. I. M. Aly, S. Abdel Samie*, submitted for publication
[8] *H. Craig*, Geochim Cosmochim. Acta **12** (1957) 133
[9] *S. R. Silverman*, J. Am. Oil Chemists' Soc. **44** (1967) 691
[10] *W. L. Orr*, Am. Assoc. Petroleum Geologist Bull. **50** (1974) 2295

Isotopenpraxis **20** (1984) 5, S. 183 bis 187

Теоретический расчет ВЭТТ при разделении изотопов методом химического обмена в насадочных колоннах

В. А. Каминский, Б. Ш. Джанджгава, Ю. К. Ледяков

(Научно-исследовательский институт стабильных изотопов г. Тбилиси)

Разработана методика расчета ВЭТТ при химическом изотопном обмене в насадочных колоннах, справедливая как в ламинарной, так и в турбулентной областях течения потока газа и учитывающая наличие изотопного эффекта в абсорбции, сопровождающей обменную реакцию.

A method for the calculation of the HETP value in chemical isotopic exchange in packed tower columns was developed, which is suitable both for laminated and turbulent zones of gas currents and takes into consideration the presence of the isotope effect arising with the absorption accompanying the exchange reaction.

Keywords

adsorption; column separation; isotope separation; isotopic exchange; separation processes; stable isotopes

В предыдущей работе [1] нами был рассмотрен процесс химического изотопного обмена в пленочной колонне с орошаемыми стенками и получено аналитическое выражение для ВЭТТ. Рассмотрение этого процесса, протекающего в насадочной колонне, приводит к значительному усложнению его математического описания и необходимости отказа от получения выражения для ВЭТТ в явном виде.

В настоящей работе для расчета величнины ВЭТТ получена система алгебраических уравнений, которая может быть легко решена на ЭВМ. В то же время такой подход позволил отказаться от ряда упрощений, использованных в работе [1], и решить задачу в более общем виде, в частности, в более общем виде записать баланс потоков в элементарном объеме жидкости, учесть изотопный эффект в абсорбции на границе раздела фаз, рассмотреть турбулентную область течения газа и эффект перемешивания в жидкости при ее течении по насадке.

При выводе уравнений для расчета ВЭТТ использованы основные положения модели насадочной колонны, описанные в работах [2—3]. В этих работах на примере ректификации было показано, что разделительный процесс в колоннах с насыпной насадкой может быть описан при помощи простой модели, состоящей из двух цилиндрических каналов. Первый имеет радиус, равный средней длине диффузионного пути в газовой фазе внутри насадки. В этот канал поступают потоки жидкости и газа, усредненные с учетом неравномерности их распределения в насадке, а баланс вещества между ними отражает баланс, существующий в поперечном сечении колонны. При этом гидродинамический профиль скоростей газа имеет вид, характерный для начального участка каналов, т. е. подразделяется на кольцевую зону, где распределение подчиняется параболическому закону, и центральную, где скорость постоянна. В этом канале происходит непосредственно процесс разделения. Во втором же канале течение жидкости отсутствует. Роль этого канала сводится к учету продольного перемешивания, возникающего в насадке из-за наличия застойных зон в жидкости. Дополнительные положения модели, связанные со спецификацией процесса химического изотопного обмена, будут вводиться по ходу изложения.

Изотопный обмен в колонне идет как на границе раздела фаз, так и в толще жидкости за счет растворенного в ней газа. Обозначим $n_{\text{ж}}$, $n_{\text{гж}}$ и $n_{\text{г}}$ молярные плотности вещества в жидкости, растворенном газе и в газовой фазе, а через x, x' и y соответствующие молярные концентрации. Тогда для обменной реакции

$$AX^*_{\text{ж}} + BX_{\text{гж}} \rightleftarrows AX_{\text{ж}} + BX^*_{\text{гж}} \tag{1}$$

протекающей в единице объема жидкости, поток, приводящий к увеличению концентрации целевого компонента в растворенном газе для области малых концентраций будет уметь вид

$$\tau_{\text{v}} = k n_{\text{ж}} n_{\text{гж}} (\alpha_0 x - x') \tag{2}$$

а плотность потока этого компонента через границу раздела фаз, согласно [1], —

$$\tau_{\text{гр}} = \frac{k n_{\text{ж}} n_{\text{г}}}{(n_{\text{г}} N_{\text{A}})^{1/3}} (\alpha_0 x_{\text{гр}} - y_{\text{гр}}) \tag{3}$$

Так же, как и в предыдущей работе, для удобства рассмотрения примем модель, в которой газ, растворенный в жидкости, выделен в отдельную фазу. Малая толщина пленки жидкости позволяет рассматривать задачу в декартовых координатах; процессы же, протекающие в газовой фазе, будут описываться в цилиндрических координатах, при этом из-за симметрии канала достаточно выразить распределение концентраций только вдоль радиуса, т. е. рассматривать двухмерную задачу в плоскости ξor, где ξ — продольная координата вдоль канала модели.

На первом этапе мы будем рассматривать диффузионные, гидродинамические и обменный процессы отдельно для жидкой и газовой фаз, объединив их лишь впоследствии на основе общего представления о разделительном процессе в колонне. В жидкой фазе для достаточно малого элемента $\Delta s \cdot \Delta\xi$ условие сохранения целевого компонента для молекул жидкости имеет вид

$$L(s) n_{\text{ж}} x(s, \xi + \Delta\xi)\, \Delta s - L(s) n_{\text{ж}} x(s, \xi) \Delta s + n_{\text{ж}} D_{\text{ж}} \left.\frac{\mathrm{d}x}{\mathrm{d}s}\right|_{s} \Delta\xi - n_{\text{ж}} D_{\text{ж}} \left.\frac{\mathrm{d}x}{\mathrm{d}s}\right|_{s+\Delta s} \Delta\xi + \tau_{\text{v}} \Delta s \Delta\xi = 0 \tag{4}$$

а аналогичный баланс для молекул растворенного газа —

$$L(s) n_{\text{гж}} x'(s, \xi + \Delta\xi)\, \Delta s - L(s) n_{\text{гж}} x'(s, \xi) \Delta s + n_{\text{гж}} D_{\text{гж}} \left.\frac{\mathrm{d}x'}{\mathrm{d}s}\right|_{s} \Delta\xi - n_{\text{гж}} D_{\text{гж}} \left.\frac{\mathrm{d}x'}{\mathrm{d}s}\right|_{s+\Delta s} \Delta\xi - \tau_{\text{v}} \Delta s \Delta\xi = 0 \tag{5}$$

Переходя к пределу при $\Delta s \to 0$ и $\Delta\xi \to 0$ и используя подстановку

$$x(s, \xi) = x(s) \exp \frac{\varepsilon_{\text{э}} \xi}{h} \tag{6}$$

где $\varepsilon_{\text{э}}$ — эффективный коэффициент обогащения, а также выражение для распределения скоростей в пленке жидкости [2], получим систему обыкновенных дифференциальных уравнений

$$\frac{\mathrm{d}^2 x}{\mathrm{d}s^2} - \left(\frac{c_1}{m^4} s^2 + \frac{c_2}{m^3} s + \frac{p_1}{m^2} \alpha_0\right) x + \frac{p_1}{m^2} x' = 0 \tag{7}$$

$$\frac{\mathrm{d}^2 x'}{\mathrm{d}s^2} - \left(\frac{c_3}{m^4} s^2 + \frac{c_4}{m^3} s + \frac{p_2}{m^2}\right) x' + \frac{p_2}{m^2} \alpha_0 x = 0 \tag{8}$$

где

$$\left.\begin{aligned} c_1 &= \frac{\varepsilon_{\text{э}}}{h D_{\text{ж}}} \left(\frac{3\Gamma m}{2} + \frac{3\tau_0 m^3}{4\mu_{\text{ж}}}\right) \\ c_2 &= -\frac{\varepsilon_{\text{э}}}{h D_{\text{ж}}} \left(3\Gamma m + \frac{\tau_0 m^3}{2\mu_{\text{ж}}}\right) \\ c_3 &= \frac{\varepsilon_{\text{э}}}{h D_{\text{гж}}} \left(\frac{3\Gamma m}{2} + \frac{3\tau_0 m^3}{4\mu_{\text{ж}}}\right) \equiv \frac{D_{\text{ж}}}{D_{\text{гж}}} c_1 \\ c_4 &= -\frac{\varepsilon_{\text{э}}}{h D_{\text{гж}}} \left(3\Gamma m + \frac{\tau_0 m^3}{2\mu_{\text{ж}}}\right) \equiv \frac{D_{\text{ж}}}{D_{\text{гж}}} c_2 \end{aligned}\right\} \tag{9}$$

$$\left.\begin{aligned} p_1 &= \frac{k n_{\text{гж}} m^2}{D_{\text{ж}}} \\ p_2 &= \frac{k n_{\text{ж}} m^2}{D_{\text{гж}}} \end{aligned}\right\} \tag{10}$$

Решение этих уравнений дает поперечное распределение концентраций целевого компонента в жидкости $x(s)$ и для растворенного газа $x'(s)$, а также необходимые для последующего определения ВЭТТ величины $\bar{x}$, $\bar{x}'$ и $\left.\frac{\mathrm{d}x'}{\mathrm{d}s}\right|_{\text{гр}}$. Заметим, что явный вид этих выражений содержит граничные концентрации $x_{\text{гр}}$, $x'_{\text{гр}}$, а также параметр h.

Обратимся теперь к газовой фазе. В работе [4] путем непосредственного измерения турбулентных пульсаций было установлено, что турбулентность возникает в насадке при $\mathrm{Re}_{\text{г}} \approx 1000$ на стыках элементов и благодаря малой длине отрезка канала не успевает гаситься внутри элементов, несмотря на близость стенок и сильное влияние трения. Развитого турбулентного течения в насадках нет и по характеру оно соответствует течению в турбулентном пограничном слое, где масштаб пульсаций определяется расстоянием до стенки канала. Из-за отсутствия развитого турбулентного движения можно предположить, что турбулентные пульсации не проникают в ламинарный пограничный слой и затухают на его границе.

При этих условиях выражение для коэффициента турбулентной диффузии может быть записано в виде:

$$D_{\text{т}} = \beta \sqrt{\frac{\tau_0}{\varrho}}\,(r_0 - r) \tag{11}$$

где r_0 — радиус области турбулентного потока, а полный коэффициент диффузии в газовой фазе будет суммой коэффициентов молекулярной и турбулентной диффузии [5]

$$D_{\text{г}} = D_{\text{м}} + D_{\text{т}} \tag{12}$$

Уравнение конвективной диффузии для центральной области разделительного канала модели $0 \leqq r \leqq r_0$ (где течение газа является турбулентным при $\text{Re}_{\text{г}} > 1000$) имеет вид:

$$\frac{\text{d}}{\text{d}r}\left[rD_{\text{г}}(r)\,\frac{\text{d}y}{\text{d}r}\right] - c_5 ry = 0 \tag{13}$$

а для кольцевой области

$$\frac{\text{d}}{\text{d}r}\left(r\,\frac{\text{d}y}{\text{d}r}\right) + \frac{c_6}{R^4}\,(rR^2 - r^3)\,y = 0 \tag{14}$$

где

$$\left.\begin{aligned} c_5 &= \frac{2\varepsilon_0}{\pi h(R^2 + r_0^2)}\,q \\ c_6 &= -\frac{2\varepsilon_0 R^4}{\pi h D_{\text{м}}(R^4 - r_0^4)}\,q \end{aligned}\right\} \tag{15}$$

Решение этих уравнений даст распределение концентраций целевого компонента в центральной и кольцевой областях газового канала $y_{\text{ц}}(r)$, $y_{\text{к}}(r)$, а также величины $\bar{y}$ и $\left.\frac{\text{d}y}{\text{d}r}\right|_{\text{гр}}$. Эти величны были получены нами ранее при рассмотрении процесса ректификации в насадочных колоннах как для случая ламинарного режима [2], при котором $D_{\text{г}} = D_{\text{м}}$ в обеих областях газового канала, так и для турбулентного [4], однако в этих работах они были выражены через значения концентрации целевого компонента в центре канала y_{c}. В случае же химического изотопного обмена из-за того, что связь между концентрациями на границе раздела фаз не является постоянной, все эти величины оказывается необходимым выразить через концентрацию целевого компонента на границе раздела фаз — $y_{\text{гр}}$.

Величина h, введенная в качестве параметра при помощи выражения (6) с целью сведения уравнений в частных производных к обыкновенным дифференциальным уравнениям, после сшивания решений, полученных отдельно для газовой области, жидкости и растворенного газа на основе рассмотрения общей разделительной задачи, приобретает смысл высоты, эквивалентной равновесной ступени, определенной в безотборном режиме.

Сшивание решений проводится путем учета связей, существующих между концентрациями целевого компонента на границе раздела фаз и баланса потоков вещества и целевого компонента в произвольном сечении разделительного канала. Эти же соотношения можно использовать для исключения неизвестных граничных концентраций и определения величины h.

Как было отмечено в работе [1] условия баланса в реальном разделительном канале цилиндрической формы в безотборном режиме имеют вид

$$2\pi R\Gamma(n_{\text{ж}} + n_{\text{гж}}) = qn_{\text{г}} \tag{16}$$

$$\frac{n_{\text{ж}}}{n_{\text{ж}} + n_{\text{гж}}}\,\bar{x} + \frac{n_{\text{гж}}}{n_{\text{ж}} + n_{\text{гж}}}\,\bar{x}' = \bar{y} \tag{17}$$

Связь между q и Γ, задаваемая условием (16), автоматически приводит к равенству диффузионных потоков у границы раздела фаз, приходящихся на единицу периметра со стороны жидкости и газа $j_{\text{ж}} + j_{\text{гж}} = j_{\text{г}}$, причем $j_{\text{ж}} = \tau_{\text{гр}}$.

В случае же насадочной колонны в разделительный канал ее модели подаются потоки жидкости и газа, усредненные с учетом неравномерности их распределения по насадке. Полученные в результате этого усреднения величины q и Γ отражают средние значения длин диффузионного пути в газе и жидкости и результирующую гидродинамическую картину в обеих фазах, однако не могут привести к балансу по потокам вещества в канале обычной цилиндрической формы, поэтому никакой реальный цилиндрический канала не может служить моделью разделительного канал насадочной колонны.

Для сохранения цилиндрической геометрии и одновременно соблюдения условий баланса в безотборном режиме, периметры границы раздела со стороны жидкости и газа должны быть различными. Поскольку для разделительного процесса, протекающего в пленочной цилиндрической колонне, используемая нами модель тождественна самой трубке, то влияние геометрии насадки на модель проявляется в „растягивании" периметра границы раздела фаз со стороны жидкости. Заметим еще раз, что такая форма канала модели обусловлена принципиальным отличием геометрии насадки от геометрии цилиндрической турбки.

Исходя из этих представлений для случая насадочной колонны вместо соотношения (16) мы будем иметь

$$(n_{\text{ж}} + n_{\text{гж}})\,\Gamma a_{\text{м}} = n_{\text{г}} q \tag{18}$$

где $a_{\text{м}}$ — периметр границы раздела фаз в канале модели со стороны жидкости.

Поскольку суммарный поток целевого компонента через всю границу раздела фаз должен быть одинаковым со стороны жидкости и газа, можно написать:

$$a_{\text{м}} j_{\text{гж}} + 2\pi R\tau_{\text{гр}} = 2\pi R j_{\text{г}} \tag{19}$$

или

$$-a_{\text{м}} n_{\text{гж}} D_{\text{гж}} \left.\frac{\text{d}x'}{\text{d}s}\right|_{\text{гр}} + 2\pi R\,\frac{kn_{\text{ж}}n_{\text{г}}}{(n_{\text{г}}N_{\text{A}})^{1/3}}\,(\alpha_0 x_{\text{гр}} - y_{\text{гр}}) = 2\pi R n_{\text{г}} D_{\text{м}} \left.\frac{\text{d}y}{\text{d}r}\right|_{\text{гр}} \tag{20}$$

где $a_{\text{м}}$ определяется из соотношения (18).

Поток $\tau_{\text{гр}}$ отнесен к периметру со стороны газа, поскольку при его определении мы пренебрегли объемом мономолекулярного слоя, примыкающего к границе раздела со стороны жидкости.

В общем случае на границе раздела фаз может иметь место скачок концентраций, обусловленный изотопным эффектом в абсорбции газа. Поскольку скорость абсорбции велика по сравнению со скоростями диффузии и химического обмена, на границе раздела фаз практически всегда будет существовать абсорбционное равновесие, которое выражатся условием

$$y_{\text{гр}} = \alpha_{\text{a}} x'_{\text{гр}} \tag{21}$$

где $\alpha_а$ — коэффициент разделения для процесса абсорбции.

Уравнения (17), (20) и (21) представляют собой алгебраическую систему уравнений, позволяющую исключить неизвестные граничные концентрации и определить величину h, входящую в коэффициенты c_i.

Используя выражение для $\bar{x}, \bar{x}', \bar{y}, \left.\frac{dx'}{ds}\right|_{гр}$ и $\left.\frac{dy}{dr}\right|_{гр}$, полученные в результате решения уравнений (7), (8), (13) и (14) и пренебрегая при вычислении h членами, содержащими величину τ_0, отражающими влияние поверхностного трения, а также произведения коэффициентов c_ic_j, содержащих малые множители — $\varepsilon_э$, получим из условия равенства средних концентраций в жидкости и газе (17) уравнение

$$a_{11}x_{гр} + a_{12}x'_{гр} + a_{13}y_{гр} = 0 \tag{22}$$

а из условия баланса потоков, пересекающих границу раздела фаз (20) — уравнение

$$a_{21}x_{гр} + a_{22}x'_{гр} + a_{23}y_{гр} = 0 \tag{23}$$

где

$$\left.\begin{aligned}
a_{11} &= 1 + \frac{11}{60}c_1 - \left[\frac{p_1}{2}\left(\frac{2}{3}\alpha_0 + \frac{7}{20}c_1\right) - \frac{n_{гж}}{n_{ж}}\frac{p_2}{2}\right. \\
&\quad \left.\times\left(\frac{2}{3}\alpha_0 + \frac{c_1}{6} + \frac{11}{60}c_3\right)\right] : \left[1 + \left(\alpha_0 + \frac{c_1}{4}\right)\frac{p_1}{2}\right. \\
&\quad \left. + \left(1 + \frac{c_3}{4}\right)\frac{p_2}{2}\right] \\
a_{12} &= \frac{n_{гж}}{n_{ж}}\left(1 + \frac{11}{60}c_3\right) + \left[\frac{p_1}{2}\left(\frac{2}{3} + \frac{11}{60}c_1 + \frac{c_3}{6}\right)\right. \\
&\quad \left. - \frac{n_{гж}}{n_{ж}}\frac{p_2}{2}\left(\frac{2}{3} + \frac{7}{20}c_3\right)\right] : \left[1 + \left(\alpha_0 + \frac{c_1}{4}\right)\right. \\
&\quad \left.\times\frac{p_1}{2} + \left(1 + \frac{c_3}{4}\right)\frac{p_2}{2}\right] \\
a_{13} &= -\left(1 + \frac{n_{гж}}{n_{ж}}\right)\left[1 + \frac{c_6}{12}\left(1 - \frac{r_0^2}{R^2}\right)^3 - \frac{c_5 r_0^2}{4D_м}\right. \\
&\quad \times\left(1 - \frac{r_0^2}{R^2}\right) - \frac{c_5 r_0^3}{12bR^2}\left(2 - 3\frac{a}{br_0} + 6\right. \\
&\quad \left.\left.\times\frac{a^2}{b^2r_0^2} - 6\frac{a^3}{b^3r_0^3}\ln\frac{D_м}{a}\right)\right] \\
a_{21} &= \frac{a_м n_{гж} D_{гж}}{2\pi Rm}\left[\frac{2}{3}c_3\right. \\
&\quad \left. + \frac{p_2\left(\alpha_0 + \frac{c_1}{4} + \frac{c_3}{3}\right)}{1 + \left(\alpha_0 + \frac{c_1}{4}\right)\frac{p_1}{2} + \left(1 + \frac{c_3}{4}\right)\frac{p_2}{2}}\right] \\
&\quad + \frac{k n_{ж} n_г \alpha_0}{(n_г N_A)^{1/3}} \\
a_{22} &= -\frac{p_2\left(1 + \frac{7}{12}c_3\right)}{1 + \left(\alpha_0 + \frac{c_1}{4}\right)\frac{p_1}{2} + \left(1 + \frac{c_3}{4}\right)\frac{p_2}{2}} \\
a_{23} &= -\frac{k n_{ж} n_г}{(n_г N_A)^{1/3}} - \frac{n_г D_м}{R}\left[\frac{c_5 b r_0}{D_м} - c_6\right. \\
&\quad \left.\times\left(\frac{1}{4} - \frac{r_0^2}{2R^2} + \frac{r_0^4}{4R^4}\right)\right]
\end{aligned}\right\} \tag{24}$$

Уравнение (21) запишем в аналогичном виде

$$a_{31}x_{гр} + a_{32}x'_{гр} + a_{33}y_{гр} = 0 \tag{25}$$

где

$$a_{31} = 0; \qquad a_{32} = \alpha_а; \qquad a_{33} = -1 \tag{26}$$

В результате получим систему линейных алгебраических однородных уравнений (22), (23) и (25), которая имеет нетривиальное решение только при условии

$$\begin{vmatrix} a_{11} & a_{12} & a_{13} \\ a_{21} & a_{22} & a_{23} \\ a_{31} & a_{32} & a_{33} \end{vmatrix} = 0 \tag{27}$$

Это условие и представляет собой уравнение для вычисления h с учетом коэффициентов a_{ij}, определяемых по (24) и (26), c_i по (9) и (15), а p_1 и p_2 — по (10).

Используя полученную величину h, и задав численное значение одной из граничных концентраций, при помощи системы (22), (23) и (25) можно найти остальные две граничные концентрации и затем определить профили концентраций, в жидкой и газовой областях разделительного канала модели.

Следует отметить, что в отличие от процесса, осуществляемого в трубке с орошаемыми стенками, насадка вызывает некоторое перемешивание жидкости. В случае ректификации влияние этого эффекта на ВЭТТ незначительно из-за того, что основное сопротивление массопередаче сосредоточено при этом в газовой фазе. В случае же химического изотопного обмена, когда процессы, протекающие в жидкости вносят основной вклад в величину ВЭТТ, эффект перемешивания необходимо учитывать.

Перемешивание в пленке жидкости, текущей по насадке, нельзя описать введением в уравнения переноса конвективного члена, поскольку здесь нет перемещения жидкости как целого в поперечном направлении. При реально используемых нагрузках нет в жидкости и турбулентного движения, характеризующегося наличием пульсаций скорости. Поэтому для отражения этого эффекта в модели насадочной колонны наиболее целесообразным и простым путем является добавление к коэффициентам молекулярной диффузии $D_ж$ и $D_{гж}$ члена, пропорционального расходу жидкости на единицу периметра $D_п = a_п \Gamma$. Коэффициент пропорциональности $a_п = 3{,}5 \cdot 10^{-3}$ был определен путем подбора, однако он оказался практически одинаковым для различных процессов и насадок, что оправдывает использование такого приближения в качестве одного из положений модели.

Величина h по своему смыслу является высотой, эквивалентной равновесной ступени для разделительного канала модели. Величина же ВЭТТ для насадочной колонны, согласно [3], определяется по формуле

$$H = \frac{i\varepsilon_э l}{\ln\left[(1 - \lambda)\exp\frac{\varepsilon_э l}{h} + \lambda\right]} \tag{28}$$

где l — размер элемента насадки, а λ — доля зон полного застоя.

В качестве примера в настоящей работе рассмотрен обмен в системе NO–HNO_3. Для определения константы скорости реакции были использованы данные о ВЭТТ, полученные нами для 6 М азотной кислоты, когда можно пренебречь наличием высших окислов азота в жидкой и газовой фазах. Для величины k при 25 °C при этом было получено значение $7{,}5 \cdot 10^7$ см³/моль. с.

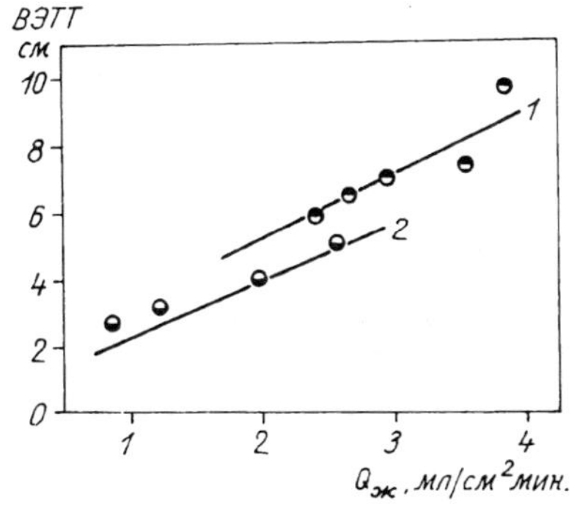

Рис. 1. Зависимость ВЭТТ от плотности орошения при обмене в системе $NO-HNO_3$ для насадки из отрезков треугольной спирали 2 × 2 мм

1 — по данным работы [7] (диаметр колонны 26 мм); 2 — по данным работы [8] (диаметр колонны 11 мм)

Сплошные линии — расчетные

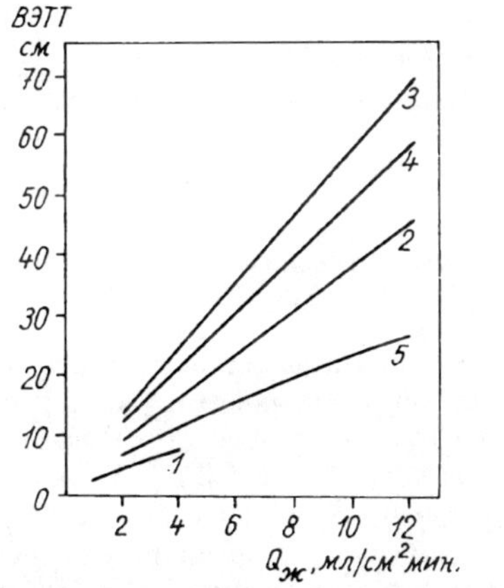

Рис. 2. Расчетные зависимости ВЭТТ от плотности орошения для насадки из отрезков треугольной спирали разных размеров и при различных значениях растворимости

1, 2, 3 — $n_{гж} = 2 \cdot 10^{-6}$ моль/см³, размеры элементов — 2 × 2, 4 × 4, и 6 × 6 мм соответственно; 3, 4, 5 — размер элемента 6 × 6 мм, значения $n_{гж}$ $2 \cdot 10^{-6}$, $2 \cdot 10^{-5}$ и $2 \cdot 10^{-4}$ моль/см³ соответственно

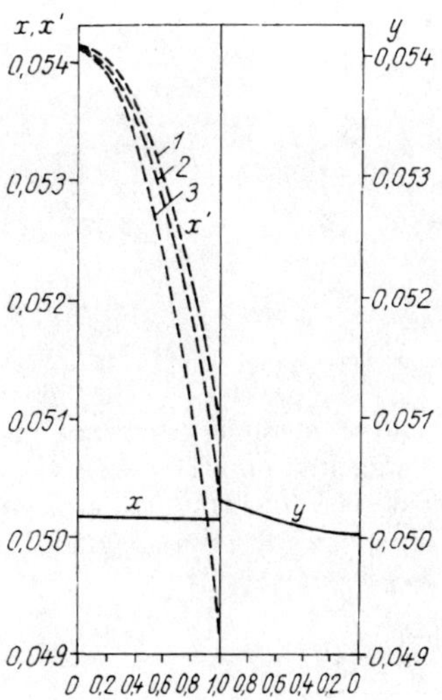

Рис. 3. Влияние изотопного эффекта при абсорбции на вид профилей концентрации в разделительном канале модели

1 — $\alpha_a = 1,015$; 2 — $\alpha_a = 1$; 3 — $\alpha_a = 0,085$

В случае 10 М азотной кислоты состав жидкой и газовой фаз усложняется, однако и при этом, как следует из рис. 1, предложенная методика расчета ВЭТТ дает хорошее согласие с экспериментом. На рис. 2 представлено влияние размера элемента насадки на ВЭТТ для колонн с диаметром, определяющимся условием $D = 10\,l$. Значительное увеличение ВЭТТ с увеличением размера элемента для этой системы обусловлено весьма низкой физической растворимостью окиси азота в водном растворе азотной кислоты, которая, согласно [6], составляет $2 \cdot 10^{-6}$ моль/см³. Этот вывод подтверждают приведенные на этом же рисунке кривые для крупной насадки, полученные путем варьирования растворимости при сохранении всех остальных параметров, а также данные о соотношении объемного — $\tau_{x'}$ и поверхностного τ_x потоков, приведенные в табл. 1.

Табл. 1. Влияние растворимости на величины плотности потоков целевого компонента через границу раздела фаз

$n_{гж}$ моль/см³	$\tau_{x'} \cdot 10^8$ моль/см² с	$\tau_x \cdot 10^8$ моль/см² с
$2 \cdot 10^{-6}$	0,03	3,84
$2 \cdot 10^{-5}$	0,34	3,81
$2 \cdot 10^{-4}$	3,08	3,53

Как следует из этих данных, при реальной величине растворимости эффективность разделения для системы $NO-HNO_3$ определяется, в основном, процессом обмена, протекающим на границе раздела фаз.

На рис. 3 показано влияние изотопного эффекта в абсорбции на профили концентраций газа, растворенного в жидкости. Проведенные расчеты показали, что наличие этого эффекта существенно влияет на величину эффективного коэффициента разделения, однако практически не влияет на величину ВЭТТ. При этом реально наблюдаемое уменьшение коэффициента разделения от термодинамического значения 1,079 до эффективного 1,055 приводит к величине $\alpha_a = 0,085$.

Как следует из рис. 1 и 2, при химическом обмене наблюдается бысртрый и практически линейный рост ВЭТТ при увеличении полотности орошения вплоть до ее предельного значения. Это объясняется тем, что при химическом обмене основной вклад в ВЭТТ вносят процессы, протекающие внутри жидкости и на границе раздела фаз и поэтому турбулизация газового потока, возникающая согласно [4] при $Re_г > 1000$, не оказывает, в отличие от ректификации, существенного влияния на ВЭТТ.

Поступила в редакцию 31/VIII, 1983

Литература

[1] *В. А. Каминский, Б. Ш. Джанджгава*, Isotopenpraxis **16**, (1980) 229

[2] *В. А. Каминский, Н. А. Гиоргадзе*, Isotopenpraxis **9**, (1973) 1

[3] *В. А. Каминский, Н. А. Гиоргадзе, В. П. Ковтун*, Isotopenpraxis **14**, (1978) 321

[4] *В. А. Каминский, Ю. К. Ледяков, Б. Ш. Джанджгава*, ИФЖ **43**, (1982) 117

[5] *Д. А. Франк-Каменецкий*, Диффузия и теплопередача в химической кинетике", М. ,,Наука" 1967

[6] *D. Axente, O. Piringer*, J. Inorg. Nucl. Chem. **33** (1971) 665

[7] *А. В. Борисов, Н. Г. Гвердцители* и др. Abh. Deutsch. Akad. Wiss. Kl. Chemie **1964** No 7, 171

[8] *В. А. Каминский*, Атомная энергия **14** (1963), 586

Isotopenpraxis **20** (1984) 5, S. 188 bis 190

О фазовом равновесии при химическом изотопном обмене сопровождающемся абсорбцией и определении эффективного коэффициента разделения

В. А. Каминский, Б. Ш. Джанджгава

(Научно-исследовательский инситут стабильных изотопов г. Тбилиси)

Рассмотрен вопрос о равновесии между газовой фазой, жидкостью и растворенным в ней газом при одновременном протекании реакции изотопного обмена и абсорбции. Показано, что для реальных систем, использующихся при разделении изотопов, всегда необходимо учитывать обмен, протекающий внутри жидкости между ее молекулами и молекулами растворенного газа. Получены связи между концентрациями целевого изотопа в стационарном состоянии и выражение для эффективного коэффициента разделения.

The equilibrium between the gaseous phase, the liquid and the gas dissolved in it with simultaneous isotopic-exchange reaction and absorption are studied. It is shown that with regard to the real systems used in isotope separation the exchange has always to be taken into consideration, which arises in the liquid between its molecules and the molecules of the dissolved gas. Relations between the concentration of the target isotope in stationary state were determined, and the expression for an effective separation factor was found.

Keywords

absorption; diffusion; isotope separation; isotopic exchange; nitrogen isotopes; solutions; stable isotopes; surfaces

Изотопный обмен между жидкостью и газом всегда сопровождается процессом абсорбции, благодаря чему обмен идет не только на границе раздела фаз, но и во всем объеме жидкости из-за наличия в ней растворенного газа, причем даже при малой величине растворимости внутренний обмен может существенно влиять на эффективность процесса. С другой стороны, в такой системе протекает также обмен между молекулами газовой фазы и молекулами газа, растворенного в жидкости, влияющий на распределение концентраций целевого компонента в фазах даже при отсутствии изотопного эффекта в растворимости.

Непосредственное влияние абсорбции на фазовое равновесие было описано в монографии [1], однако внутренний обмен в ней не рассматривался. В то же время, как показано в настоящей работе, наличие внутреннего обмена приводит к существенному изменению картины процесса, что с необходимостью должно учитываться при орпеделении эффективного коэффициента разделения. Изотопный обмен между жидкостью и газом в общем случае может сопровождаться и дистилляционным эффектом, однако его влияние на конечное разделение, как правило, весьма незначительно из-за малого парциального давления пара по сравнению с парциальным давлением газа и диссоциации молекул в паровой фазе для большинства реально используемых систем.

Для удобства рассмотрения, также, как в работе [2] мы выделим газ, растворенный в жидкости, в отдельную фазу и ограничимся областью малых концентраций, что не искажет физической картины процесса, однако значительно упрощает математическое изложение. Мы будем рассматривать двухкомпонентные изотопные смеси, отнеся обозначения концентраций к целевому изотопу: x — для жидкости, x' — для растворенного газа и y — для газовой фазы. Обозначим через τ'_{01} и τ'_{02} прямой и обратный молярные потоки целевого компонента возникающие вследствие обмена между молекулами жидкости и растворенного газа, протекающего в единице объема внутри жидкости, через τ_{01} и τ_{02} — аналогичные потоки, возникающие вследствие обмена при прямом контакте фаз, а через τ_{a1} и τ_{a2} — потоки, обусловленные процессом абсорбции. Распределение этих потоков между фазами представлено на рис. 1. Обозначим также через T_0, T'_0 и T_a суммарные величины потоков между фазами: жидкостью и газом, жидкостью и растворенным газом, газом и растворенным газом соответственно.

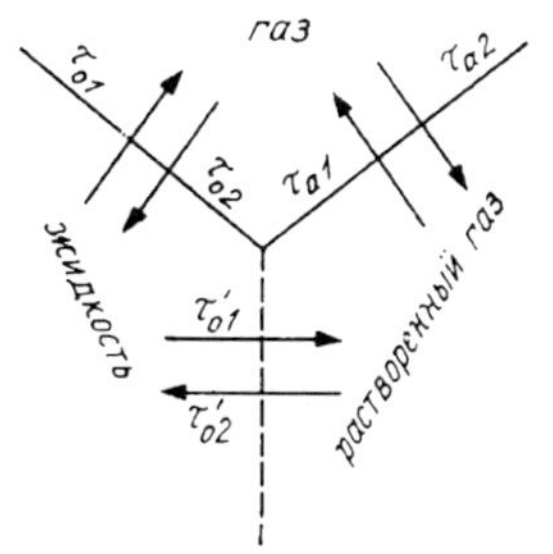

Рис. 1. Схема межфазных потоков

Стационарное состояние в такой системе при равенстве температур и давлений определяется условием постоянства количества компонентов со временем в каждой из фаз, что приводит в самом общем случае к выражениям:

$$T_0 + T_a = 0 \tag{1}$$

$$T_0 + T'_0 = 0 \tag{2}$$

$$T'_0 - T_a = 0 \tag{3}$$

Заметим, что любое из этих выражений можно получить из двух остальных и условия сохранения суммарного количества компонента во всей системе.

Тривиальный случай, когда $T_i = 0$, соответствующий наличию равновесия по каждому из отдельно протекающих процессов, очевидно является лишь частным случаем. В общем же случае между отдельными процессами равновесие отсутствует, хотя система в целом и находится в стационарном состоянии. Между фазами при этом должен существовать замкнутый циркуляционный поток и обуславливающие его градиенты концентраций $\frac{dx}{ds}$ и $\frac{dx'}{ds}$ в направлении нормали к поверхности раздела газа и жидкости.

К существенному упрощению задачи приводит тот факт, что скорость абсорбции велика по сравнению со скоростью диффузии растворенного газа и можно считать, что на границе раздела абсорбционное равновесие существует всегда, как в частном, так и в общем случае, а граничные концентрации связаны соотношением

$$y_{гр} = \alpha_a x'_{гр} \tag{4}$$

В этих условиях поток T_a уже не определяется граничными концентрациями, а целиком зависит от обменного и диффузионного процессов внутри жидкости. Выражение (3) при этом обращается в тождество и не дает дополнительной связи между равновесными концентрациями. Поэтому для определения связей между равновесными концентрациями для общего случая мы используем систему из выражений (2) и (4), предварительно решив задачу о распределении концентраций $x(s)$ и $x'(s)$ внутри жидкости. В газовой же фазе из-за отсутствия внутренних процессов равновесная концентрация во всем объёме постоянна.

Диффузионные потоки жидкости и растворенного газа, проходящие через единичную площадку, ориентированную параллельно поверхности раздела фаз имеют вид:

$$j_{ж} = -n_{ж}D_{ж}\frac{dx}{ds}; \qquad j_{гж} = -n_{гж}D_{гж}\frac{dx'}{ds} \tag{5}$$

Рассмотрим элементарный объём, ограниченный двумя такими площадками и высотой ds. В рановесии для такого объёма можно написать:

$$n_{гж}D_{гж}\left(\left.\frac{dx'}{ds}\right|_{s+ds} - \left.\frac{dx'}{ds}\right|_{s}\right) + n_{ж}D_{ж} \times \left(\left.\frac{dx}{ds}\right|_{s+ds} - \left.\frac{dx}{ds}\right|_{s}\right) = 0 \tag{6}$$

что в пределе при $ds \to 0$ дает

$$n_{гж}D_{гж}\frac{d^2x'}{ds^2} + n_{ж}D_{ж}\frac{d^2x}{ds^2} = 0 \tag{7}$$

С другой стороны, изменение потока $j_{гж}$ по прошествии этого элемента, равно потоку целевого компонента, перешедшему из жидкости в газ вследствие обменной реакции, протекающей в объёме этого элемента. В результате имеем:

$$-n_{гж}D_{гж}\frac{d^2x'}{ds^2} = kn_{ж}n_{гж}(\alpha_0 x - x') \tag{8}$$

Выражения (7) и (8) составляют систему дифференциальных уравнений для определения x и x' аналогичную полученной в работе [2] с граничными условиями

$$\text{при} \quad s = 0 \begin{cases} \frac{dx}{ds} = 0 \\ \frac{dx'}{ds} = 0 \end{cases} \tag{9}$$

при

$$s = m \qquad x = x_{гр}, \qquad x' = x'_{гр}.$$

Решение этой системы имеет вид:

$$x = x_{гр} - \frac{p_1(1 - s^2/m^2)}{1 + (p_1\alpha_0 + p_2)/2}(\alpha_0 x_{гр} - x'_{гр}) \tag{10}$$

$$x' = x'_{гр} + \frac{p_2(1 - s^2/m^2)}{1 + (p_1\alpha_0 + p_2)/2}(\alpha_0 x_{гр} - x'_{гр}) \tag{11}$$

где

$$p_1 = km^2n_{гж}/D_{ж}, \qquad p_2 = km^2n_{ж}/D_{гж}.$$

Для обменной реакции между жидкостью и растворенным газом в области малых концентраций можно написать

$$\tau'_0 = \tau'_{01} - \tau'_{02} = kn_{ж}n_{гж}[\alpha_0 x(s) - x'(s)] \tag{12}$$

где k — константа скорости реакции для случая внутреннего обмена, а

α_0 — коэффициент разделения для процесса химического обмена.

Тогда

$$T'_0 = \int_{V_{ж}} \tau'_0 \, dV_{ж} = kSn_{ж}n_{гж}\int_0^m [\alpha_0 x(s) - x'(s)] \, ds \tag{13}$$

где S площадь поверхности раздела жидкости и газа, а m — глубина слоя жидкости. Подставляя в (13) выражения (10) и (11), после интегрирования получим:

$$T'_0 = kSmn_{ж}n_{гж}\frac{1 + (p_1\alpha_0 + p_2)/6}{1 + (p_1\alpha_0 + p_2)/2}(\alpha_0 x_{гр} - x'_{гр}) \tag{14}$$

Для обменной реакации, протекающей на границе раздела жидкости и газа

$$\tau_0 = \tau_{01} - \tau_{02} = k_{п}n_{ж}n_{г}(\alpha_0 x_{гр} - y_{гр}) \tag{15}$$

где $k_{п}$ — константа скорости реакции для случая поверхностного обмена. Если принять в качестве некоторой модели, как это было сделано в работе [2], что реакция на поверхности раздела фаз эквивалента реакции, протекающей в объёме мономолекулярных слоев, примыкающих к поверхности со стороны жидкости и газа, то величину $k_{п}$ в уравнении (15) можно выразить через k. Тогда

$$T_0 = \frac{k}{(n_{г}N_A)^{1/3}}Sn_{ж}n_{г}(\alpha_0 x_{гр} - y_{гр}) \tag{16}$$

Теперь, подставляя выражения (14) и (16) в соотношение (2) и используя (4), получим систему из двух уравнений, позволяющую определить связи между граничными концентрациями $x_{гр}$, $x'_{гр}$ и $y_{гр}$ в стационарном состоянии

$$\begin{cases} a_1(\alpha_0 x_{гр} - y_{гр}) + a_2(\alpha_0 x_{гр} - x'_{гр}) = 0 \\ \alpha_a x'_{гр} - y_{гр} = 0 \end{cases} \tag{17}$$

где

$$a_1 = kSn_{ж}n_{г}/(n\ N_A)^{1/3}$$

$$a_2 = kSmn_{ж}n_{гж} \cdot \frac{1 + (p_1\alpha_0 + p_2)/6}{1 + (p_1\alpha_0 + p_2)/2}$$

Эти связи имеют вид:

$$y_{гр} = \frac{a_1 + a_2}{a_1\alpha_a + a_2}\alpha_a\alpha_0 x_{гр}, \tag{18}$$

$$x'_{гр} = \frac{a_1 + a_2}{a_1\alpha_a + a_2}\alpha_0 x_{гр} \tag{19}$$

Используя соотношения (18), (19) и вычисленные на основе (10) и (11) средние значения $\bar{x}$ и $\bar{x}'$ можно получить выражение для эффективного коэффициента разделения системы,

$$\alpha_э = \frac{(1 + n_{гж}/n_{ж})\bar{y}}{\bar{x} + \bar{x}' n_{гж}/n_{ж}}$$

$$= \frac{(1 + n_{гж}/n_{ж})(a_1 + a_2)\,\alpha_а\alpha_0}{a_1\alpha_а + a_2 + (a_1 + a_2)\,\alpha_0 n_{гж}/n_{ж} - A a_1(\alpha_а - 1)\,\alpha_0} \tag{20}$$

где

$$A = \frac{(p_1 - p_2 n_{гж}/n_{ж})/3}{1 + (p_1\alpha_0 + p_2)/2}$$

Заметим, что при определении $\alpha_э$ нет необходимости в знании абсолютных значений концентраций x, x' и y. Однако их определение также возможно, при помощи выражений (10), (11), (18), (19) и условия равенства количества целевого компонента в начальный момент и после установления равновесия, которое имеет вид:

$$n_{г0} y_0 V_г + n_{ж0} x_0 V_ж = n_г y V_г + (n_ж \bar{x} + n_{гж} \bar{x}')\, V_ж \tag{21}$$

где $V_г$, $V_ж$ и y_0, x_0 объёмы фаз и начальные концентрации.

Представляет интерес случай, когда абсорбция не сопровождается изотопным эффектом, т. е. $\alpha_а = 1$. В этом случае из выражения (14) с учетом (18) и (19) следует, что $T_0' = 0$, а следовательно $T_i = 0$, т. е. имеет место равновесие по каждому из отдельных процессов. Выражение для $\alpha_э$ при этом сводится к виду:

$$\alpha_э = \frac{1 + n_{гж}/n_{ж}}{1 + \alpha_0 n_{гж}/n_{ж}}\,\alpha_0 \tag{22}$$

из которого следует, что растворение газа в жидкости, даже не сопровождающееся изотопным эффектом, приводит к уменьшению эффективного коэффициента разделения по сравнению с коэффициентом α_0 для реакции изотопного обмена.

В другом частном случае, когда внутренний обмен отсутствует, а процессы химического обмена и абсорбции протекают параллельно и независимо друг от друга, из формулы (20), полагая $A = 0$ и $a_2 = 0$, можно получить выражение, приведенное Розеном в монографии [1]. Интересно отметить, что в стационарном состоянии суммарный межфазный поток T_0, а следовательно T_0' и $T_а$ меняют знак в зависимости от того, $\alpha_а > 1$ или $\alpha_а < 1$, в чем легко убедиться, подставив выражение для $y_{гр}$ из (18) в (16).

Рассмотрим в качестве примера систему NO–HNO_3, использующуюся при производстве изотопов азота. При концентрации азотной кислоты 6 М можно пренебречь наличием в жидкой и газовой фазах высших окислов азота и считать, что изотопный обмен происходит только между азотной кислотой и окисью азота. При такой концентрации кислоты, согласно работе [3], величина $\alpha_э = 1{,}060$; в работе же [4] приводится значение $\alpha_э = 1{,}063$. В то же время $\alpha_0 = 1{,}079$.

Как следует из рис. 2, на котором представлены результаты расчета по предлагаемой методике, уменьшение $\alpha_э$ против α_0 для данной системы можно объяснить только наличием абсорбционного изотопного эффекта при учете внутреннего обмена между азотной кислотой и растворенной окисью азота. При отсутствии изотопного эффекта в абсорбции, а также в случае пренебрежения внутренним обменом (вне зависимости от величины $\alpha_а$) величин эффективного и термодинамического коэффициентов разделения с точностью до 0,001 не различаются.

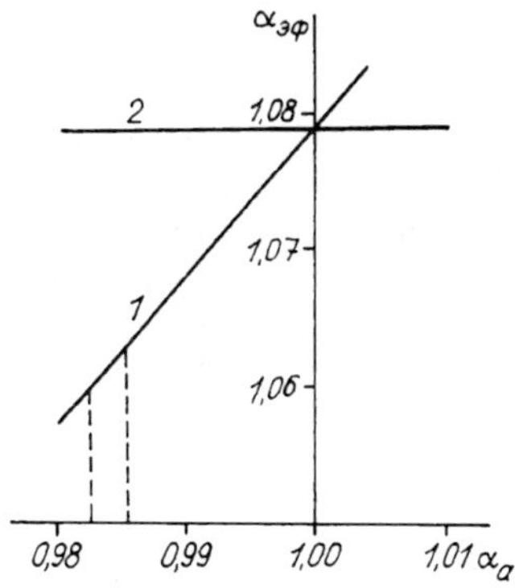

Рис. 2. Влияние изотопного эффекта при абсорбции на эффективный коэффициент разделения для системы $NO - HNO_3$

1 — при учете внутреннего обмена; 2 — без учета внутреннего обмена

По результатам расчета можно заключить, что величина $\alpha_а$ для системы NO—HNO_3 составляет 0,983 до 0,985. Как следует из выражения (20), величина $\alpha_э$ при наличии внутреннего обмена в общем случае зависит от глубины слоя жидкости, однако для рассматриваемой системы эта зависимость пренебрежимо мала. Следует отметить, что полученные результаты в существенной мере определяются весьма малой величиной физической растворимости NO в водном растворе азотной кислоты.

Поступила в редакцию 31/VIII. 1983

Литература

[1] *А. М. Розен*, „Теория разделения изотопов в колоннах". М., Атомиздат, 1960

[2] *В. А. Каминский, Б. Ш. Джанджгава*, Isotopenpraxis **16** (1980) 229

[3] *T. I. Taylor, W. Spindel*, Proc. Int. Sympos.-Isotope, Separation, North. Holl. Publ. Comp. Amsterdam, 1957, p. 162

[4] *M. J. Stern, L. N. Kander, W. Spindel*, J. Chem. Phys. **36** (1962) 764

Isotopenpraxis 20 (1984) 5, S. 191 bis 193

The Isotope Fractionation of Potassium Impurities in Surface Ionization

L. Gladyszewski

(Institute of Physics, M. Curie-Skłodowska University, Lublin, Poland)[1])

The potassium isotopic effect during diffusion trough hot policrystallic tungsten and its evaporation has been investigated mass-spectrometrically. The fractionation factor α = 1,038 has been observed for diffusion of potassium impurites, while α = 1·021 for evaporation of a potassium sample placed on the surface of a tungsten filament.

Der Kalium-Isotopieeffekt wurde während der Diffusion durch heißes polykristallines Wolfram massenspektrometrisch untersucht. Bei der Diffusion von Kaliumverunreinigungen wurde ein Trennfaktor α = 1,038 beobachtet, während bei der Verdampfung einer Kaliumprobe, die sich auf der Oberfläche eines Wolframfadens befand, ein Trennfaktor von 1,021 ermittelt wurde.

Keywords

diffusion; impurities; isotope effects; isotope ratio; mass spectroscopy; potassium; surface ionization

1. Introduction

The emission of impurities, mainly of potassium and sodium, from a hot tungsten in the form of short ionic pulses lasting from 10 to 100 μs has been investigated by *R. E. Minturn* et al. [1], *H. F. Winters* [2] and the author [3].

The amplitude distribution of those pulses is not *Gaussian* [3]. Since the ion emission of impurities must be preceded by their diffusion from the interior of the emitter, a problem rised, to what extent this diffusion determines the isotopic fractionation of the emitted ions.

The present paper deals with the emission impurities of policrystalline tungsten emitters. The change of isotope ratio $^{39}K/^{41}K$ as a function of time has been measured. For a comparison the isotope fractionation in case of emission of a potassuim sample placed on the surface of the emitter has been investigated using the same apparatus. It has been concluded that the diffusion of impurities produces additional isotope fractionation.

2. Theory

During evaporation of a sample in the thermoionic emission source of a mass spectrometer the isotopic fractionation increases the concentration of lighter isotope in the ion beam, in relation to the concentration of this isotope in the sample by a factor α.

If the sample may be considered as infinite number of atoms, the isotopic composition of the sample may be calculated with the aid of the fractionation factor α: $R = r \cdot \alpha$, where R and r are the concentration ratios of the heaver isotope to the lighter isotope in the sample and the ion beam, respectively.

For small samples, the observed isotope composition varies during evaporation. This process may be described in terms of the *Rayleigh* distillation formula:

$$R_t = R_0 (M_0/M_t)^{\alpha - 1}, \qquad r_t = \frac{1}{\alpha} \cdot R_0 \cdot (M_0/M_t)^{\alpha - 1}$$

where M_0 and M_t denote the mass of samples before evaporation and in the instant t.

Using the method described by the author [4] the last equation may be rewritten into a form in which the isotopic ratio r_t is an explicite function of time:

$r_t = \frac{1}{\alpha} R_0 \cdot e^{\varepsilon t}$, where $\varepsilon = (\alpha - 1)\gamma$ and γ is the probability of evaporation of the ions and atoms. This probability may be determined by the investigation of the ion current during evaporation as a function of time: $I = I_0 e^{-\gamma t}$.

3. Instruments

The measurements were carried out with a Nier type mass spectrometer using the termoemission ion source. A tungsten filament of 10 mm × 0·8 mm × 0·05 mm served as emitter. The electrometer measuring the intensity of the ion beam has been used as a charge integrator [5].

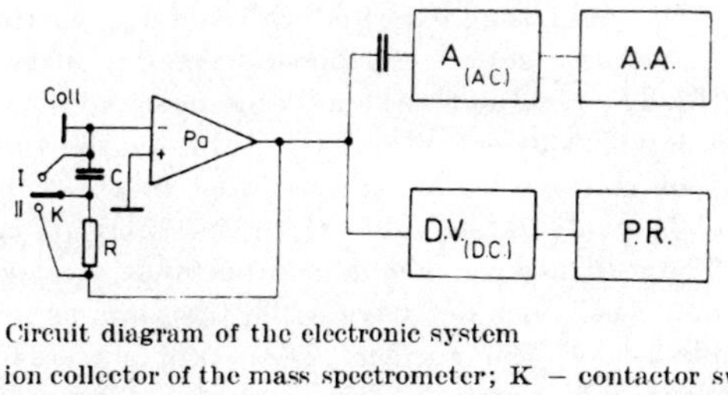

Fig. 1. Circuit diagram of the electronic system

Coll – ion collector of the mass spectrometer; K – contactor switching the operating mode; I – the multichannel analyser; II – charge integrator; Pa – preamplifier; A – impulse amplifier; AA – multichannel amplitude analyser; DV – digital voltmeter; PR – printer

Switching the contactor K (Fig. 1) into position I transformed the electrometer into wide-band amplifier, which enables the amplification of single pulses for amplitude analysis [3].

The temperature of anode remained constant during the measurements and the decreasing intensities of the ion current were measured using increasingly sensitive gain of

[1]) Address: 20-031 Lublin, Nowotki Str. 10, Poland

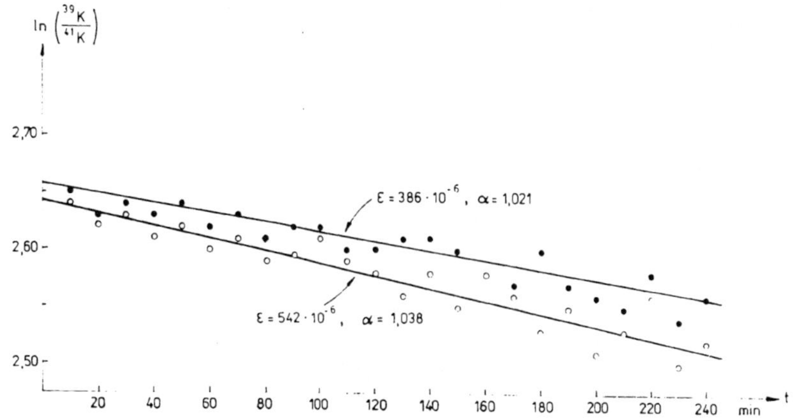

Fig. 2. Logarithm of isotopic ratio of potassium in an ion beam as a function of evaporation time of the sample
○ – potassium impurities; ● – potassium sample placed on the surface

Tab. 1.

Experiment	ε, min^{-1}	γ, min^{-1}	$\ln \alpha$	$\ln\left(\frac{1}{r_0}\right)$	$\frac{1}{r_0}$	$\frac{1}{R_0}$
emission of impurities	$(542 \pm 3) \cdot 10^{-6}$	$(1425 \pm 4) \cdot 10^{-5}$	$1{\cdot}038 \pm 0{\cdot}008$	2·64	14·01	13·49
surface emission	$(386 \pm 2) \cdot 10^{-6}$	$(1843 \pm 4) \cdot 10^{-5}$	$1{\cdot}021 \pm 0{\cdot}007$	2·65	14·15	13·85

the electrometer. The final measurement were performed at the highest sensitivity of the electrometer increased by lengthening the time of charge integration from 20 s to 100 s.

4. Results

Measurements included two independent parts:

a) investigation of the isotopic fractionation during the diffusion and thermoemission of the potassium ions originating from the impurities,
b) investigation of the fractionation for a sample KBr placed on the surface of the same emitter, which was intensively preheated.

The results of the measurements are represented in Fig. 2. For emission of impurities the measured coefficient of the fractionation of potassium isotopes was $\alpha = 1.038$, and for the sample evaporated from the surface $\alpha = 1{\cdot}021$. It should be noted that expected value of the coefficient is 1·025 assuming square rot-dependence on masses of isotopes [6]. The results of the experiments are summarized in a Tab. 1 which also contains the value of the isotopic ratio $1/r_0$ of the ion beam, extrapolated to the moment $t = 0$ and the calculated value of the ration $1/R_0$ of the sample. These values are of minor importance, because R_0 for the impurities does not have to be the same as for the sample placed on the surface. That problem was not, however, the subject of the present paper. These values are presented only for the sake of complete illustration of the experiment. Since in potassium isotope studies the value of $^{39}K/^{41}K$ ratio is usually listed, therefore in Tab. 1 are given the value $1/r_0$ rather than r_0 which appers in appropriate equations. The following equations can be fitted to the obtained experimental data:

$$^{39}K/^{41}K = 1{\cdot}038 \cdot 13{\cdot}49 \cdot \exp(-542 \cdot 10^{-6} \cdot t)$$

for emission of impurities

$$^{39}K/^{41}K = 1{\cdot}021 \cdot 13{\cdot}85 \exp(-386 \cdot 10^{-6} \cdot t)$$

for emission from the surface

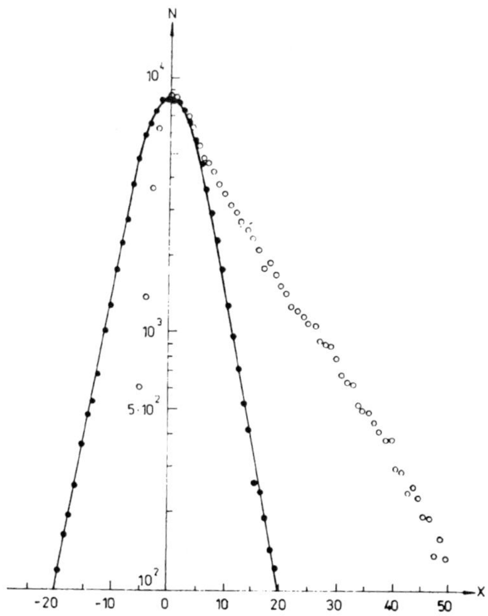

Fig. 3. Amplitude distribution of impulsory ionic thermoemission of potassium impurities (○), and *Gaussian* distribution of instantaneous amplitudes of the ion thermoemission noise for a sample placed on the surface of the emitter (●)
X – number of the analyser channel; N – number of the collected pulses in individual channel. The zero channel was arbitrarly assumed at the maximum of the distribution.

The measurements described in this paper point to some magnification of the fractionation of potassium isotopes which is caused by diffusion from the interior of the emitter. This effect may influence the results of measurements of the isotopic composition of the samples placed on the surface of emitters unless the emission of impurities gets eliminated.

It must be emphasised that also occure a significant difference in the amplitude distribution of the pulses [7].

The fluctuation (noises) of the ion emission of the sample placed on the emitter surface have a normal distribution (Fig. 3) while that of the impurities diffusing from the emitter interior have an exponential distribution $\alpha \exp(-\varkappa x)$, where x is the number of the analyser channel and $\varkappa$ is an empirical constant.

Acknowledgement: This worte was supported by Scientific Programm MR.I.5.

Received June 29, 1983

References

[1] *R. E. Minturn, S. Datz, E. H. Taylor*, J. Appl. Phys. **31** (1960) 876

[2] *H. F. Winters, D. R. Denison, D. G. Bills, E. K. Donaldson*, J. Appl. Phys. **34** (1963) 1810

[3] *L. Gladyszewski*, Surface Research, Proceedings of the Third Seminar on Surface Physics, Wrocław-Kudowa 1978, No 471 (1979) 121

[4] *L. Gladyszewski, A. Nagnajewicz*, Isotopenpraxis **15** (1979) 104

[5] *M. C. Jackson, W. A. Young*, Rev. Sci. Instr. **44** (1973) 32

[6] *K. Cohen*, The Theory of Isotope Separation. New York; McGraw-Hill Book Comp. 1951

[7] *L. Gladyszewski*, Annales UMCS, sect. AAA **34/35** (1979/80) 55

Isotopenpraxis **20** (1984) 5, S. 193 bis 198

Effect of Oral Hypoglycemic Drugs, Triiodothyronine and Their Interaction on Nucleotide Metabolism in Maturity Onset Diabetics

A. A. Hafiez, A. A. Ismail, Z. H. El-Kirdassy, H. M. Sharada

(Biochemistry Department, Faculty of Medicine, Cairo University)

Biochemical changes in plasma nucleotides; ATP, ADP, AMP, and cAMP — that may be induced by Diabecity was investigated. The effect of oral antidiabetic drugs Glibenciamide (Daonil), Gliclazide (Diamicron); Triiodothyronine (T_3) and combination of T_3 with either of them was assessed in fasting condition and 2 hours postprandial. Diabetes per se induced non-significant changes in plasma levels of ATP, ADP and AMP, cAMP level was highly significantly lowered in diabetics than in normals. This change was accompanied by significant rise in ATP/cAMP ratio.
The data presented show an impaired nucleotide changes in diabetes which can be corrected by treatment with oral antidiabetic drugo Daonil and Diamicron in the doses described and the levels of the different nucleotides were consequently reverted to normal, an effect induced by insulin release in response to drugo.

Die biochemischen Veränderungen in den Plasma-Nukleotiden ATP, ADP, AMP and cAMP, die durch Diabetes induziert werden, wurden untersucht. Die Wirkung der oralem Anwendung der Antidiabetes-Pharmaka Glibenciamide (Daonil), Gliclazide (Diamicron) und Trijodthyronin (T_3) sowie der Kombination von T_3 mit jeweils einem der beiden anderen wurde im nüchternen Zustand und 2 Stunden nach einer Mahlzeit ermittelt. Die Diabetes hatte unbedeutende Veränderungen im Plasmaniveau von ATP, ADP und AMP hervorgerufen, während das cAMP-Niveau bei Diabetikern im Vergleich zu Normalpersonen beträchtlich niedriger war. Diese Veränderung war von einem bedeutenden Anstieg des ATP/cAMP-Verhältnisses begleitet.
Die vorgestellten Daten zeigen eine Abschwächung der Nukleotid-Veränderungen bei Diabetes; dies kann durch orale Anwendung der Antidiabetes-Pharmaka Daonil und Diamicron in den beschriebenen Dosen korrigiert werden.

Keywords

ADP; AMP; ATP; diabetes mellitus; thyroid hormones; thyronine; triiodothyronine

Introduction

The importance of phosphates in intermediary metabolism became evident in the period between 1930—1940 with the discovery of the chemical details of glycolysis and the role of ATP, ADP and inorganic phosphate (P_i) in this process.

Insulin secretion and release are stimulated by glucose [1, 2] and by several nucleotides, in the following potency: adenosine > adenosine diphosphate (ADP) > adenosine monophosphate (AMP)[3].

A model incorporating adenyl cyclase as an integral part of the B-cells glucoreceptor system leading to insulin release has been described by *Tazalich* et al. [4]. Potentiation of glucose-mediated insulin release by theophylline and glucagon was also accompanied by a rise in intracellular cAMP concentration.

Since cAMP is known to be a main messenger in release of insulin by B-cells in response to glucose and other substances [2] and as some diabetics have impaired insulin release response as a main defect, it occurred to us to measure the above mentioned nucleotides in diabetics before treatment and after treatment with triiodothyronine or sulfonylureas (Daonil and Diamicron) and/or both.

Materials and Methods

This study comprised three groups:

1) The control group (14) volunteers from the medical staff of Kasr Al-Aini Hospital, aging 25—65 years, including 7 males and 7 females. They were chosen to have normal fasting glucose level and glucose levels 2 h after 50 g glucose meal; they have no family history of diabetes.

2) The diabetic group (35) patients with maturity onset diabetes. They were known to be diabetic for less than 2 years.

3) 10 patients were given Triidothyronine (5 males and 5 females) aging 45—65 years; 40 µg/d for 5 days. The levels were determined at fasting before and after T_3 ad-

Tab. 1. Comparative study between normal males and normal females

No. of cases			Blood sugar mg/100 ml		ATP mg/100 ml	ADP mg/100 ml	AMP mg/100 ml	cAMP Picomole /ml	ATP/ADP ratio	ADP/AMP ratio	ATP/AMP ratio	ATP/cAMP ratio
			F	2 h								
7	Normal Males	Mean	75·7	101·4	35·4	4·49	0·65	28·83	9·92	7·69	67·70	1·53
		S. E ±	2·29	1·8	2·85	0·6	0·08	3·0	1·62	1·34	10·94	0·20
7	Normal Females	Mean	74·3	100·7	30·04	3·98	0·74	22·11	9·4	5·41	43·5	1·39
		S. E. ±	2·3	1·3	1·48	0·63	0·07	1·34	2·04	0·75	5·1	0·11
		t	0·43	0·32	1·67	0·59	0·82	2·04	0·2	1·45	2·0	0·5
		P	0·7	0·8	0·1	0·6	0·4	<0·05*	0·8	0·2	<0·05*)	0·6

*) = significant

Tab. 2. Comparative study between Diabetic males and Diabetic females

No. of cases			Blood sugar mg/100 ml		ATP mg/100 ml	ADP mg/100 ml	AMP mg/100 ml	cAMP Picomole /ml	ATP/ADP ratio	ADP/AMP ratio	ATP/AMP ratio	ATP/cAMP ratio
			F	2 h								
4	Diabetic Males	Mean	106·25	212·5	33·87	4·28	0·54	13·3	8·25	7·4	65·38	2·72
		S. E ±	8·0	33·94	2·.69	0·47	0·06	1·69	1·34	0·13	10·62	0·45
11	Diabetic Females	Mean	135·6	185·2	33·7	4·88	0·54	8·92	7·0	9·63	66·8	4·6
		S. E ±	13·87	15·5	1·96	0·23	0·04	0·86	0·39	0.96	8·12	0·99
		t	1·83	0·96	0·05	1·15	0·00	2·31	0·89	2·3	0·11	1·72
		P	0·1	0·4	0·95	0·3	0·00	<0·05*)	0·4	<0·05*)	0·9	0·2

*) = significant

ministration and 10 patients (35—60) were given sulphonyl urea (Gliclazide and Glibenclamide) in the following regimine: 5 mg glibenclamide (5 mg) for 5 days, 80 mg gliclazide for 5 days, T_3 (40 µg) + gliclazide (80 mg) d for 5 days. All subjects were examined clinically and physically. ECG was done to exclude those with ischemic heart disease. After an overnight fast, the following parameters were assayed. Fasting & 2 h postprandial (50 g) glucose level, fasting PcAMP levels, fasting PATP, ADP & AMP levels.

Methods

Glucose was estimated by the glucose oxidase method (*Trinder*, [5]). cAMP was assayed in Plasma by RIA Kits of the Radiochemical Centre Amersham Buckinghamshire U.K. The method used is that described by *Tovey* et al. [6]. Adenosine-5-triphosphate (ATP) was determined by the method developed by Boehringer after that of *Bücher* [7]. ADP & AMP were determined in a single assay system by the enzymatic method including myokinase (MK), pyruvate kinase (PK), and lactic dehydrogenase (LDH). The method is based on that described by *Jaworek* et al. [8]. Boehringer Comp.

Diamicron (glibenclazide) Lab. Servoir — Daonil (glibenclamide) Hoechst — Tertroxin (T_3) Glaxo Lab. England.

The validity of our results was calculated using the student t-test [9].

Results

The results obtained are illustrated in Tab. 1—5 and Fig. 1—3.

Tab. 1 shows no significant difference between normal males (7 cases) and normal females (7 cases), except in

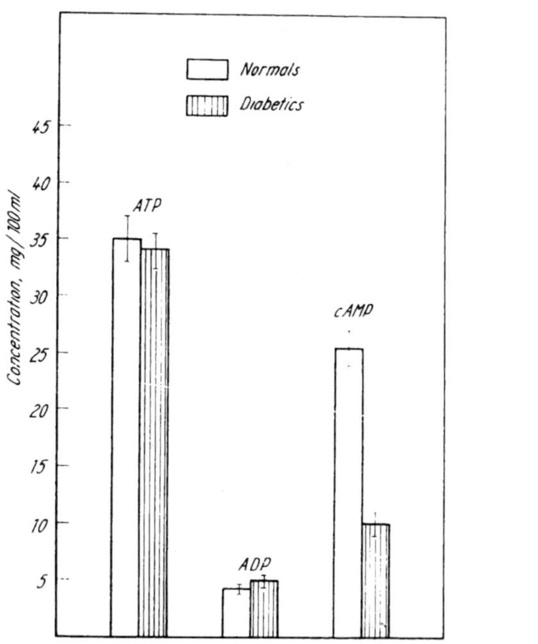

Fig. 1. Blood levels of ATP, ADP and cAMP in normals and diabetic cases

cAMP in which males had particularly high levels of cAMP 28·83 picomole/ml ± (S.E.) 3·0 than females 22·11 picomole/ml ± 1·34, and this difference is statistically significant ($P < 0{\cdot}05$).

Tab. 2 shows no significant differences between diabetic males (4 cases) and females (11 cases) in different levels measured except for cAMP which was higher in males than in females. Whereas the levels of cAMP averaged 13·3 pico-

Tab. 3. Comparative study of the fasting levels of sugar, ATP, ADP, AMP, and cAMP between normals and diabetics

No. of cases			Blood sugar mg/100 ml F	Blood sugar mg/100 ml 2 h	ATP mg/100 ml	ADP mg/100 ml	AMP mg/100 ml	cAMP Picomole /ml	ATP/ADP ratio	ADP/AMP ratio	ATP/AMP ratio	ATP/cAMP ratio
14	Normal	Mean	75·0	101·0	34·7	4·24	0·69	25·47	9·67	6·52	55·60	1·46
		S. E ±	1·57	1·07	2·02	0·43	0·05	1·84	1·26	0·79	6·71	0·14
15	Diabetics	Mean	127·7	192·5	33·7	4·7	0·54	10·0	7·33	9·01	66·63	4·1
		S. E ±	10·8	11·2	1·56	0·21	0·03	0·91	0·45	0·76	6·38	0·76
		t	4·83	8·13	0·39	0·96	2·5	7·55	1·75	2·26	1·19	3·24
		P	<0·001**)	<0·001**)	0·7	0·4	<0·025*)	<0·001**)	0·1	<0.05*)	0·3	<0.005**)

*) = significant
**) = highly significant

Tab. 4. Comparative study of the levels of ATP, ADP, AMP, cAMP and blood sugar in diabetic cases before and after administration of triiodothyronine (40 μg/subject/day)

No. of cases			Blood sugar mg/100 ml F	Blood sugar mg/100 ml 2 h	ATP mg/100 ml	ADP mg/100 ml	AMP mg/100 ml	cAMP Picomole /ml	ATP/ADP ratio	ADP/AMP ratio	ATP/AMP ratio	ATP/cAMP ratio
10	Diabetic cases before T_3	Mean	111·7	209·0	34·63	2·85	0·53	10·33	12·92	5·61	68·69	4·03
		S. E ±	6·46	10·32	2·37	0·24	0·038	1·3	1·34	0·49	7·18	0·68
10	Diabetic cases after T_3	Mean	109·8	202·7	28·16	4·0	0·7	22·43	6·82	6·25	41·62	1·45
		S. E ±	7·48	11·5	1·5	0·32	0·037	3·04	0·38	0·58	2·97	0·2
		t	0·19	0·41	2·3	2·86	3·21	3·66	4·39	0·84	3·48	3·63
		P	0·8	0·7	<0·05*)	<0·01**)	<0·005**)	<0·001**)	<0·001**)	0·4	<0·005**)	<0·005**)

*) = significant
**) = highly significant

Tab. 5. Comparison between the effect of Daonil, Diamicron and (Diamicron + T_3) on the levels blood fo sugar, ATP, ADP, AMP and cAMP in diabetic cases

		Blood sugar mg/100 ml F	2 h	ATP mg/100 ml	ADP mg/100 ml	AMP mg/100 ml	cAMP Picomole /ml
Before	Mean	159.1	227·0	32·87	5·88	0·62	11·79
	S. E ±	19·1	28·7	4·55	0·52	0·04	1·63
After Daonil	Mean	135·0	189·5	38·63	4·7	0·48	22·00
	S. E. ±	11·77	10·4	2·37	0·41	0·03	2·18
	t	1·074	1·23	2·04	1·79	2·8	3·75
	P	<0·3	<0·2	<0·05*	<0·1	<0·01**	<0·005**
After Dia-micron	Mean	135·3	167·4	30·9	6·17	1·09	22·13
	S. E. ±	11·2	15·95	2·4	0·52	0·15	1·72
	t	1·075	1·82	0·69	0·39	2·94	4·36
	P	<0·3	<0·1	<0·5	<0·7	<0·01**	<0·001**
After Dia-micron + T_3	Mean	128·5	174·0	38·18	5·13	0·61	37·0
	S. E. ±	19·3	19·7	2·42	0·43	0·004	2·92
	t	1·13	1·52	1·85	1·12	0·17	7·55
	P	<0·3	<0·2	<0·1	<0·3	<0·09	<0·001**

Daonil (5 mg/day/subject) for 5 days
Diamicron (80 mg/day/subject) for 5 days
Diamicron (80 mg/day) + T_3 (40 μg/day) for 5 days

mole/ml ± (S.E.) 1·69, the level in females average 8·92 picomole/ml ± (S.E.) 0·86, and this difference is statistically significant ($P < 0·05$).

Tab. 3 and Fig. 1 indicate that the difference between normals and diabetics with regard to their fasting plasma glucose is statistically significant ($P < 0·001$). Two hours after oral glucose (50 gm), the plasma glucose level in diabetics is again significantly higher than normals ($P < 0·001$). The ATP/cAMP ratio shows a significant increase than normal with a mean value of 4·1 ± (S.E.) 0·76, and this increase is highly significant ($P < 0·005$).

Tab. 4 and Fig. 2 show the effect of oral administration of triiodothyronine (40 μg/day) for five days on the plasma levels of glucose, blood levels of ATP, ADP, AMP and plasma levels of cAMP.

There were no significant differences in either fasting plasma glucose or two hours after oral glucose (50 gm), before and after T_3 administration. The drop in ATP level is statistically valid ($P < 0·02$). This drop reflected on the levels of ADP, AMP and cAMP.

There was no change in ADP/AMP ratio. The ATP/AMP ratio dropped from 68·69 ± 7·18 to 41·62 ± 2·97; and this drop is highly significant ($P < 0·005$). The ATP/cAMP ratio decreased from 4·03 ± (S.E.) 6·68 to 1·45 ± (S.E.) 0·2; this decrease is highly significant ($P < 0·005$).

Tab. 5 and Fig. 3 illustrate the effect of Daonil (5 mg/day), Diamicron (80 mg/day) and Diamicron + Triiodothyronine (80 mg/day & 40 μg/day) on the levels of blood sugar, ATP, ADP, AMP and cAMP in diabetic cases (each drug was given for 5 days).

Both Daonil and Diamicron administration have similar effects on the fasting and 2 hours postprandial blood glucose and cAMP levels. While a significant drop was induced in blood glucose by consequitive administration, a significant rise was obtained in P cAMP levels. These changes were accompanied by a significant rise in blood ATP levels.

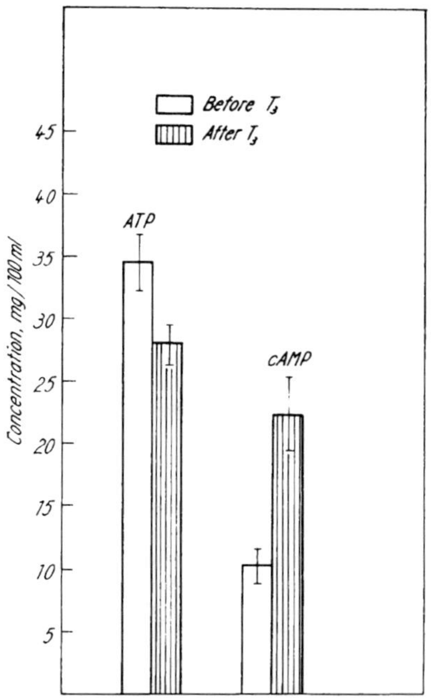

Fig. 2. Effect of Triiodothyronine administration (40 mg/d) on the levels of ATP and cAMP in diabetic cases

The combination of triiodothyronine (40 μg/d/5 days) plus diamicron (80 mg/d/5 days) to diabetic cases caused a significant increase in both ATP & cAMP levels.

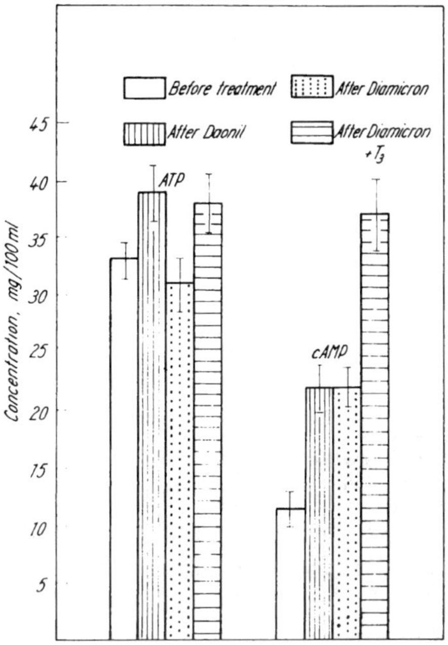

Fig. 3. Effect of Daonil (5 mg/d), Diamicron (80 mg/d) and Diamicron + Triiodothyronine (80 mg/d & 40 mg/d) on the levels of ATP and cAMP "Each drug was given for 5 days"

Discussion

Since insulin has been known to affect carbohydrate metabolism in several aspects and consequently energy metabolism, it was planned to study nucleotide changes as reflected on their blood levels in diabetic cases hoping to find out the role played by one of these nucleotides namely cAMP.

Blood ATP and ADP levels in diabetics were very similar to the normal corresponding levels. Small differences were insignificant. ATP/ADP ratio was also similar. On the other hand, AMP level averaged 0.69 ± 0.05 mg/100 ml in normals and reduced to 0.54 ± 0.03 mg/100 in diabetics ($P < 0.025$). These findings is opposite to the expected fact. *Pagliara* et al. [10] claimed that the level of ATP is reduced in diabetic man and animals, which may be accounted for by hyperglucagonemia encountered in diabetes inducing impairment of glucose uptake and metabolism by the α-cells of the pancreas.

Unfortunately scanty literature concerning blood ATP level is found in the literature. However, our values for ATP & ADP in normals agree with those reported by *Bücher* [7] utilizing the same method used in our study.

There is little information concerning the sources of plasma cyclic AMP under basal conditions. The liver is a glucagon-mediated rise in P cAMP (*Broadus* et al., [11, 12], and it seems likely that the kidney may be responsible for elevation of cAMP in both plasma and urine that occur after administration of parathyroid hormone (*Kaminsky* et al. [13, 14]).

It is not yet clear to what extent either the liver or kidney is contributing to P cAMP in the basal state. It has been also demonstrated that the turnover rate of cAMP in human plasma is rapid [11, 12], and that certain hormones can greatly alter plasma content of cAMP as well as urinary cAMP. The determination of cAMP levels in plasma and urine could be of considerable value in the diagnosis and prognosis of human diseases.

Our levels of P cAMP is somewhat higher than those reported by *Steiner* et al. [15] who claimed a range 8 to 20 picomole/ml and agreed with those obtained by *Kaminsky* et al. [13, 14] who gave a range 10—25 picomole/ml.

Interestingly we found that plasma cyclic AMP levels were lower in females than in males whether in normals or in diabetics. This may be due to the sex difference though blood ATP levels were rather similar both in normals as well as in diabetics. In diabetics the ATP/cAMP ratio behaved differently: it is higher in case of females. This may be explained by the fact that adenylcyclase system is more affected in diabetic females.

Administration of triiodothyronine to diabetics induced a significant drop in blood ATP level accompanied by an increase in ADP and AMP levels. There was also a highly significant increase in P cAMP level and a significant decrease in the ratios of ATP/ADP, ATP/AMP and ATP/cAMP. Amazingly, T_3 administration for 5 days had no effect on fasting or 2 hours postprandial blood glucose level suggesting that T_3 may act peripherally.

These suggestions are confirmed by the claim of *Hazard* and *Perlemuter* [16] that one of the functions of thyroid hormones is to augment the activity of adenyl cyclase and thus increases the intracellular content of cAMP. Other investigators have come also to the fact that thyroid hormones might induce a significant alteration in cAMP [17—20]. Thus the thyroid hormones may modulate the response to multiple hormonal effects mediated by cAMP. Moreover, it was found that the levels of cAMP were significantly increased in plasma, skeletal muscles and adipose tissue of patients with hyperthyroidism as compared to that of euthyroid subjects. The levels of cAMP were lower in patients with hypothyroidism than in euthyroid subjects [21].

In an attempt to explain the cause of lowered plasma levels of cAMP in hypothyroidism, *Broadus* et al. [11, 12] stated that tissues other than plasma, liver, kidney and adipose tissues may also have reduced content of this substance. Alternately, this may be explained by reduced cell permeability of cAMP or increased hydrolysis of this compound in the blood. Thyroid hormones may also potentiate the action of glucagon and catecholamine. This can be accounted for by the ability of thyroid hormones to increase cAMP levels through inhibition of phosphodiesterase action [22, 23].

Administration of oral antidiabetic drugs (Daonil and Diamicron) have similar effects on the fasting and 2 hours postprandial blood glucose and cAMP levels. While a significant drop was induced in blood glucose by consequitive administration, a significant rise was obtained in PcAMP levels. These changes were accompanied by a significant rise in blood ATP levels. The combination of triiodothyronine plus Diamicron to diabetic cases caused a significant increase in both ATP and cAMP levels.

Sulphonylurea drugs are known to be islet stimulating agents and hence viable cells capable of stimulation are necessary for the success of treatment with sulphonylureas [24]. The presumed locus of interaction of these compounds is the cell membrane. There is some evidence that this interaction may involve the adenyl cyclase-phosphodiesterase system. However, it is difficult to assume that sulphonylureas action is exerted solely through cAMP [25].

Our findings signify the important role of both oral antidiabetic drugs, namely the sulphonylureas and the thyroid hormones in energy metabolism and demonstrated that thyroid hormones in energy metabolism and demonstrated that thyroid hormones may modulate the responses of multiple hormonal effects mediated by cAMP. These findings also suggest a further cellular mode of action of thyroid hormones which may account for a number of metabolic disturbances observed in patients with thyroid diseases or with diabetes mellites [26].

Finally we can conclude that disturbance in nucleotide metabolism are evident in maturity-onset diabetic patients which could be corrected by thyroid hormone (T_3) and/or by oral antidiabetics (Daonil and Diamicron). While T_3 act peripherally without affecting fasting blood glucose level, inducing a normo-level of plasma cAMP, oral antidiabetics may act by stimulation of insulin release from B-cells leading to a rise (two folds) in the level of PcAMP. Combination of T_3 and Diamicron raised PcAMP level in diabetics to normal level. This may prove our previous claim that impaired thyroid function exist in diabetic patients which is corrected by insulin treatment [26].

Received February 16, 1983
Accepted in revised form November 2, 1983

References

[1] *M. A. Charles, J. Lawecki, G. M. Grodsky*, Diabetes **22** (1973) Suppl. I
[2] *P. Petrides, G. Loffler, O. H. Werland*, Diabetes Mellitus Theory and Management (1978) pp. 5, 29, 33, 87
[3] *J. H. Feldman, T. B. Jackson, N. C. Durham*, Diabetes **22** (1973) Suppl. I
[4] *W. S. Tazalich, R. C. Karl, J. A. Ferrendelli, F. M. Matschinsky*, Diabetes, Vol. 24 Suppl. 2 (1975), 2 Program 35th Annual Meeting
[5] *P. Trinder*, Ann. Clin. Biochem. **6** (1969) 24
[6] *K. C. Torey, K. G. Oldham, J. A. M. Whelan*, Clinica Chemica Acta **46** (1974) 221
[7] *T. Bucher*, Biochem. Biophysica Acta **1** (1947) 292
[8] *D. W. Jaworek, Gruber, H. U. Bergmeyer*, in: H. U. Bergmeyer (Ed.), Methods of Enzymatic Analysis. 2nd ed. (1974) p. 2127
[9] *A. B. Hill*, A short textbook of Medical Statistics. 10th ed. The English Language Book, Society Holder and Stoughdon, London 1979
[10] *A. S. Pagliara, S. Stillings, F. M. Matschinsky*, Diabetes Vol. 23 Supplement (1), (1974) p. 341
[11] *A. E. Broadus, N. I. Kaminsky, J. G. Hardman, E. W. Sutherland, G. W. Liddle*, J. Clin. Invest. **49** (1970) 2222
[12] *A. E. Broadus, N. I. Kaminsky, R. C. Northcutt, J. G. Hardman, E. W. Sutherland, G. W. Liddle*, J. Clin. Invest. **49** (1970) 2237
[13] *N. I. Kaminsky, J. M. Ball, A. E. Broadus, J. G. Hardman, E. W. Sutherland, G. W. Liddle*, Trans. Assoc. Am. Physicians Phila. **83** (1970) 235
[14] *N. I. Kaminsky, A. E. Broadus, J. G. Hardman, P. J. Jones, J. H. Ball, E. W. Sutherland, G. W. Liddle*, J. Clin. Invest. **49** (1970) 2387
[15] *A. L. Steiner, A. S. Pagliara, L. R. Chase, D. M. Kipnis*, J. Biol. Chem. **247** (1972) 1114
[16] *J. Hazard, L. Perlemuter*, Endocrinology **1978**, 85
[17] *G. S. Levey, L. Skelton, S. E. Epstein*, J. Clin. Invest. **48** (1969) 2244
[18] *G. S. Levey, L. Skelton, S. E. Epstein*, J. Clin. Invest. **48** (1969) 1663
[19] *T. Lin, Kopple, J. R. Tucci*, J. Clin. Endocrinol. Metab. **36** (1973) 1033
[20] *J. C. Hardman*, J. Biol. Chemist. **241** (1975) 4812
[21] *B. E. Karlberg, K. G. Henricksson, R. G. G. Anderson*, J. Clin. Endocrinology and Metabolism **39** (1974) 96
[22] *J. B. Field*, Metabolism **24** (1975) 381
[23] *J. H. Oppenheimer, H. L. Schwartz, M. I. Surks, D. H. Kuerner, W. Hillman*, Recent Prog. Horm. Res. **32** (1976) 529
[24] *H. J. A. Reginald*, Progress in clinical medicine, by *A. R. Horler* and *J. B. Foster*, Churchill Livingstone: Edenburgh – London and New York. Seventh Edition, Chapter 2, p. 59 (1978)
[25] *G. M. Grodsky, H. Sado, S. Lerin*, Advances Metabolic Disorder. Edited by *Rochniel Levine* and *Rolf Luft*. Vol. 7 (1974) p. 155
[26] *A. A. Hafiez, A. A. Ismail, M. R. Awadeen, E. Z. Abbas, M. S. A. Farag*, Isotopenpraxis 18 (1982) 124

Isotopenpraxis **20** (1984) 5, S. 198 bis 199

Tagungsberichte

III. RGW-Symposium über Nuklearpharmaka und RIA-Bestecke vom 20. bis 23. Sept. 1983 in Schwerin, DDR

Etwa 100 Fachleute aus Ungarn, der ČSSR, der UdSSR, Polen, Rumänien, Bulgarien, Kuba und der DDR trafen sich im Schweriner Schloß, um sich gegenseitig über die Fortschritte auf den Gebieten der Herstellung, Gütekontrolle und Anwendung isotop markierter in-vivo- und in-vitro-Präparate zu informieren. In sieben Plenarvorträgen hörte man am ersten Tage Übersichten über die Produktionspalette der einzelnen Länder. An den übrigen Tagen wurde in den zwei durch den Symposiumstitel vorgegebenen Sektionen gearbeitet. Prof. *Vormum* vom Organisatorinstitut (Zentralinstitut für Isotopen- und Strahlenforschung Leipzig der AdW der DDR) hatte die wissenschaftliche Gesamtleitung und – zusammen mit Dr. *Miller* (UVR), Prof. *Zakcevski* (VRP) und Dr. *Zavada* (ČSSR) – die Leitung der Sitzungen der Sektion RIA-Bestecke, während Prof. *Münze* vom Zentralinstitut für Kernforschung Rossendorf – zusammen mit Dr. *Sirtez* (UVR), Dr. *Charlamov* (UdSSR) und Prof. *Pasternak* (VRP) – die Sitzungen der Sektion Nuklearpharmaka leitete.

Das relativ homogene Fachgebiet der Radioimmunoassay-Systeme war mit 34 Sektionsvorträgen vertreten. Hier wurde die schnelle Entwicklung vieler eigener RIA-Bestecke, vor allem in der DDR, der UVR, der VRP und der ČSSR deutlich, wobei nach wie vor die Jod-125-Markierung gegenüber der Tritiummarkierung bevorzugt bleibt.

Die Sektion Nuklearpharmaka – mit 44 Vorträgen – ließ länderspezifische Schwerpunkte in Forschung, Entwicklung und Produktion erkennen. Nahezu die Hälfte der Vorträge war dem Nuklid Technetium-99*m* gewidmet (Generator und Markierungsbestecke). Die DDR ist auf diesem wichtigen Gebiet führend. Weitere Schwerpunkte waren Indium-113*m*-Bestecke sowie Thallium-201, Gallium-67 und Indium-111. Erstmalig zu einem RGW-Symposium über Nuklearpharmaka wurden drei Arbeiten zur diagnostischen Anwendung von stabilen Isotopen (Stickstoff-15, Kohlenstoff-13) vorgestellt.

Besonderes Interesse fanden drei Rundtisch-Diskussionen:

1. Tendenzen der in-vivo-Diagnostik in den 90er Jahren (Leiter: Prof. *Münze*): Neben der vorwiegenden Anwendung von Generatornukliden (vor allem ^{99m}Tc) werden dort, wo Zyklotrone in unmittelbarer Nähe stehen, Zyklotronnuklide verstärkt zum Einsatz kommen.

2. Zukünftige mögliche Alternativmethoden zu den RIA-Methoden, wie EIA, FIA (Leiter: Dr. *Herzmann*): Enzymimmunoassay und Fluoreszenzimmunoassay werden wahrscheinlich auf einigen Gebieten in breiterem Umfang angewendet werden können, aber den Radioimmunoassay nicht von seiner führenden Stellung verdrängen.

3. Förderung der Arbeiten an Artikeln und Monographien zu Nuklearpharmaka für das *Compendium Medicamentorum* des RGW (Leiter: DC *Seidenglanz*): Es wurde angeregt, bereits im Entwurfs- und Vorschlagsstadium in den einzelnen Ländern zwischen den RGW-Arbeitsorganen Atomenergie und Gesundheitsweisen auf Expertenebene enger zusammenzuarbeiten.

Das Vortrags- und Diskussionsprogramm wurde durch eine Besichtigung des neu erbauten Instituts für Nuklearmedizin des Bezirkskrankenhauses Schwerin (Chefarzt MR Dr. *Schwartz*) gut abgerundet, zumal diese Institution bei der Organisation des Symposiums tatkräftig mitgewirkt hat.

Seit dem II. RGW-Symposium über Nuklearpharmaka und RIA-Bestecke in der VRP waren sechs Jahre vergangen, eine zu lange Zeit für ein sich so rasch entwickelndes Fachgebiet. Deshalb wurde beschlossen, künftig einen Dreijahresrhythmus einzuhalten. Das IV. Symposium soll 1986 in der ČSSR und das V. Symposium 1989 wieder in der DDR stattfinden.

P. Krumbiegel

Eingegangen am 1. 11. 1983

Isotopenpraxis 20 (1984) 5, S. 199–200

Buchbesprechungen

Nuclear Safeguards Technology 1982
Proceedings of a Symposium, Vienna 8–12 Nov. 1982

Vienna: IAEA 1983. 1146 S., 256 Abb., 146 Tab., 596 Lit. (Proc. Ser. Vol. I u. II, STI/PUB/629), (engl., russ., franz.) karton. ÖS 2220.–

In zwei Bänden sind 96 Beiträge über die Technologie der Kernmaterialkontrolle zusammengestellt. Nach Übersichten über die Einschätzung des gegenwärtigen Standes und über Strategien der einzelnen Länder werden die in verschiedenen Ländern und Einrichtungen geschaffenen Kontrollsysteme vorgestellt. Dazu gehören neben Kennzeichnung, Versiegelung, Fernsehaufzeichnungsverfahren, Inspektionen und Registrierung in kleinen Kernmaterialbilanzgebieten die zerstörungsfreien Messungen und chemischen Bestimmungen der spaltbaren Materialien.

Über Isotopenkorrelationsmethoden kann man aus gammaspektrometrischen Spaltproduktbestimmungen auf den Abbrand (*Graber*, DDR), den Verbrauch von ^{235}U und auf die Bildung von ^{239}Pu schließen. Bei gleichzeitiger Messung mittellebiger Spaltprodukte wie ^{95}Zr (*Ryan*, Australien; *Darrouzet*, Frankreich) kann man das Bestrahlungsende sehr genau ermitteln und mit den Angaben der Betreiber von Reaktoren vergleichen. Die Gammaspektrometrie im Energiebereich zwischen 135 keV und 415 keV ermöglicht im abgetrennten Plutonium die Bestimmung der Plutoniumisotope (*Rogers*, Großbritannien). Die Absorption der Gammastrahlung von Nukliden wie ^{57}Co, ^{75}Se und ^{189}Yb (*Despres*, Frankreich; *Yamanouchi*, Japan) im Bereich der K-Absorptionskanten von Uran und Plutonium dient der Bestimmung dieser Elemente. Für den gleichen Zweck wurde auch eine Röntgenröhre, die mit einem Wolframtarget bei 145 kV arbeitet, eingesetzt (*Ottmar*, BRD).

Eine große Bedeutung besitzen Neutronenkoinzidenzmeßverfahren zur Bestimmung des Spaltstoffinventars in Brennelementen, Kassetten und Behältern verschiedener Geometrie. Mit passiven Verfahren, d. h. ohne zusätzliche Neutronenquellen werden die spontanspaltenden Nuklide ^{238}U und ^{240}Pu (*Ramalho*, IAEA) und unter Verwendung von Am-Li-Quellen die Spaltstoffnuklide ^{235}U und ^{239}Pu (*Menlove*, USA) gemessen. Es wurden auch verschiedene Verfahren zur Zeitkorrelation der Neutronenimpulsfolgen (*Bondar*, Ispra) miteinander verglichen.

Genauere Bestimmungen setzen die Probennahme und die Auflösung des Materials voraus. Es werden eine automatische potentiometrische Titrationseinrichtung zur Uranbestimmung (*Takahashi*, Japan) und potentiometrische Titrationsverfahren zur Plutoniumbestimmung vorgestellt (*MacDonnald*, Großbritannien). Weiter kommen für Uran die Lösungsspektrofluorimetrie (*Mauchin*, Frankreich), sowie für Uran und Plutonium die wellenlängendispersive Röntgenfluoreszenzanalyse (*Mainka*, BRD) und die massenspektrometrische Bestimmung zur Anwendung. Die gleichzeitige Zugabe von ^{233}U und ^{236}U als innerer Standard zur Probe erlaubt es, bei der Massenspektrometrie auftretende Isotopieeffekte zu korrigieren (*Lucas*, Frankreich).

Die vorgestellten Verfahren wurden erfolgreich sowohl für die Bestimmung des Spaltstoffinventars in Behältern und Brennelementkassetten als auch zur Analyse der einzelnen Prozeßströme in Wiederaufarbeitungs- und Anreicherungsanlagen eingesetzt. Die Konferenz demonstriert die Fortschritte sowohl in der Meßtechnik als auch in der Realisierung von Kontrollprogrammen. Für den Isotopenanwender ist u. a. die K-Absorptionskantendensitometrie besonders von Interesse.

S. Niese

Nuclear Physics, Nuclear Power
GIREP Seminar on the Teaching of Physics in Schools

G. Marx (Ed.). Budapest: Akadémiai Kiadó 1982. 632 S., zahlr. Abb. u. Tab., geb. M 112,50

Von dem Historiker *H. G. Wells* stammt die Charakterisierung der Menschheitsgeschichte als Wettrennen von Erziehung und Katastrophe. Man mag über die Systembezogenheit einer solchen Feststellung unterschiedlicher Meinung sein: Zumindest für die heutige Gesamtsituation ist sie wohl gültig. *G. Marx*, einer der führenden Vertreter der Groupe International de Recherche sur l'Enseignement de la Physique (GIREP) drückt in dem zu besprechenden Band dasselbe aus als Gegensatz zwischen dem schnellen Fortschritt von Naturwissenschaft und Technologie auf der einen und der nur langsamen Anpassung der menschlichen Moral und des öffentlichen Verständnisses auf der anderen Seite, der zu entsprechenden sozialen Spannungen führt. Daraus ergeben sich Notwendigkeit und Verantwortung von internationalen Organisationen wie der GIREP, welche die Vermittlung und den Ausgleich solcher Spannungen auf dem Gebiet der Physik-Erziehung in der Schule anstrebt. Der Band gibt die Materialien des GIREP-Seminars vom September 1981 in Ungarn wieder. An ihm nahmen etwa 150 Physiker und Physik-Pädagogen aus 30 Ländern teil. Die Texte sind in ihrer Gesamtheit durch methodische Grundfragen geprägt, die keineswegs nur den Physikunterricht betreffen, sondern die Wissensvermittlung aller dieser Gebiete, die naturwissenschaftlich-technisch ähnlich tief in das moderne Leben eingreifen. Die Pädagogen versuchen angesichts des eingangs festgestellten Gegensatzes im Grunde *zwei* Botschaften zu vermitteln (*J. G. Black*): Die erste betrifft das Verständnis der Probleme des Alltags und die zweite „jene wundervollen Konzepte, die die Wissenschaftler erfunden haben". Der in dieser Beziehung klarste und aufschlußreichste Beitrag kommt von *P. Lÿnse* (Utrecht). Er behandelt sowohl mehr gesellschaftsbezogene als auch mehr auf das Individuum abgestimmte pädagogische Prinzipien im Physikunterricht. Beides kann und beides muß zusammengehen in einer sich wandelnden Welt. Aber die Diskussionen in diesem Punkte bleiben trotz allem lückenhaft.

Besonders bemerkenswert ist der ausgezeichnete Artikel von *J. Ogborn* (London) über die Wissensvermittlung darüber, was Energie eigentlich ist. Diesen Aufsatz sollten sich alle Physiklehrer — und nicht nur die an Grund- und Oberschulen! — sehr genau ansehen, denn mindestens sprachlich wird bei diesem Thema häufig schwer gesündigt.

Vom Standpunkt des Kernphysikers gibt *G. Marx* (Budapest) unter der Überschrift "Our Nuclear History" eine ebenso amüsante wie lehrreiche „Geschichte des Universums" vom Urknall bis zur Industriellen Revolution.

Der Band enthält viele Beiträge zu Details, die dem Schulunterricht sehr direkt zugute kommen können: Anregungen für die Modellierung lang- und kurzreichweitiger Kräfte in einfachen Experimenten, Einsatz von Taschenrechnern zu Grundfragen des Reaktorverhaltens usw. Er bietet aber auch viel Hintergrundwissen für den versierten und interessierten Physik-Pädagogen. Hier ist der Beitrag von *S. Shimizu* (Kyoto) über seine persönlichen Erkenntnisse und Erfahrungen als Leiter einer Untersuchungskommission, die nur Stunden nach dem Atombombenabwurf in Hiroshima weilte, ebenso zu nennen wie der aufschlußreiche Bericht von *J. McDermott* (Harrisburg) über den spektakulären Reaktorunfall am 28. 3. 1979 auf Three Mile Island. „Atomkraft ja, Atomwaffen nein" — lautet der Tenor zahlreicher gesellschaftsbezogener, verantwortungsbewußter Artikel. Meinungsforschung und Meinungsentwicklung unter Schülern zu dieser Grundfrage nimmt in dem Buch einen bedeutenden Platz ein. Da ist vieles sehr systembezogen und inhaltlich nicht verallgemeinerungsfähig, aber aufschlußreich und methodisch wertvoll ist es allemal.

Der beachtliche Preis des bescheiden aufgemachten Buches wird seiner inhaltlich durchaus gerechtfertigten Verbreitung wohl hinderlich sein. Dennoch möchte man wünschen, daß sich möglichst viele Physiklehrer der Schul-Oberstufen mit seinem Inhalt durch Zugang über die Schul-Bibliotheken vertraut machen. Herausgeber und Verlag möchte man empfehlen, auch bei rationeller und schneller Arbeit durch hinreichend sorgfältige Redaktion solchen Informationsschwund zu vermeiden, wie er z.B. bei der Wiedergabe von Abbildungen eines der Hauptbeiträge (*H. J. Laue*, IAEA) über die Rolle der Kernenergie auftritt.

G. Brunner

The Origin of the Chemical Elements and the Oklo Phenomenon

P. K. Kuroda. Berlin — Heidelberg — New York: Springer 1982. 165 S., 24 Abb., 48 Tab., 254 Lit.; geb. DM 92,—; US $ 36.80

Wer mit der meßtechnischen Erfassung und Interpretation von Element- und Isotopenhäufigkeiten in natürlichen Reservoiren befaßt ist, hat gelegentlich Schwierigkeiten, Einzelbeobachtungen in das Gesamtsystem der natürlichen physikalischen und physikalisch-chemischen Prozesse einzuordnen, die zu diesem oder jenem Einzeleffekt führten. Um die Zuverlässigkeit von Zahlenangaben beurteilen zu können, die bei solchen Arbeiten immerzu verwendet werden müssen, ist es von großem Wert, die historische Entwicklung zu kennen, die zu bestimmten Erkenntnissen über die Element- und Isotopenverteilungen geführt hat. In diesem Sinne ist das Buch von hohem Wert. Der Verfasser dieser Monographie hat durch seine wissenschaftliche Arbeit verschiedenste Kapitel des in Rede stehenden Gebietes selbst maßgeblich mitgestaltet.

In sieben Kapitel untergliedert werden grundlegende Gesetzmäßigkeiten der Elementhäufigkeiten, die Entdeckung der Elemente 43 (Tc) und 61 (Pm), das Oklo Phänomen, die Elementgenese in Sternen, die Bildung des ^{244}Pu im jungen Sonnensystem und seine Bedeutung für die Gewinnung von Erkenntnissen über die Entwicklung unseres Sonnensystems sowie isotopische Anomalien im jungen Sonnensystem behandelt.

Im Anhang sind die *Goldschmidt*-Tabelle der Elementhäufigkeiten, die Tabelle der Nuklidhäufigkeiten nach *Suess* und *Urey* sowie die Tabelle der Elementhäufigkeiten für Meteoriten, die solare Photosphäre, die solare Corona und die kosmische Strahlung nach *Trimple* abgedruckt.

Kuroda hat sich besonders bemüht, das behandelte Gebiet in seiner historischen Entwicklung exakt darzustellen; dies ist hervorragend gelungen. Dem Rezensenten fiel es schwer, die Lektüre zu unterbrechen; es liest sich so gut wie ein spannender Roman. Bei der stürmischen Entwicklung des Gebietes im letzten Dezennium wurden durch die betont historische Darstellung die modernsten Erkenntnisse unangemessen kurz dargestellt. Wenig gelungen erscheint dem Rezensenten die Gliederung des Buches. Sie scheint auch von den eigenen Arbeitsgebieten des Verfassers stark beeinflußt worden zu sein.

Es wäre sicherlich günstig gewesen, der Suche nach superschweren Elementen in der Natur ein eigenes Kapitel zu widmen und dieses Gebiet nicht unter der Überschrift "Pu-244 in the Early Solar System" zu behandeln. Ebenso sind die Probleme der Spontanspaltung des Urans sicherlich nicht ohne Willkür in ein Kapitel "The Oklo Phenomenon" einzuordnen.

Abgesehen von diesen Einordnungsfragen ist es gelungen, ein umfangreiches Wissensgebiet auf verhältnismäßig geringem Umfang (165 Seiten) anschaulich und gut darzustellen.

Das Buch sollten Geochemiker, Radiogeochronologen und Radiochemiker unbedingt lesen. Aber auch für Anwender radioaktiver und stabiler Nuklide in den verschiedensten Wissenschaftsgebieten sowie für Physik- und Chemiestudenten wird es ein interessantes Buch sein.

H. Gerstenberger

ISOTOPENPRAXIS

Volume 20 1984 Number 5

Contents

Articles

Inhalt

Originalarbeiten

Isotopenpraxis is indexed in Current Contents/PC & ES, Science Citation Index, and INIS Atomindex

MIX
Papier | Fördert gute Waldnutzung
FSC® C083411

Zeitfracht Medien GmbH
Ferdinand-Jühlke-Straße 7
99095 Erfurt, Deutschland
produktsicherheit@kolibri360.de